Watt ihr Volt

Eine spannende Reise durch die Welt der Physik

Volker Wollny

compact kids ist ein Imprint der
Compact Verlag GmbH

© Compact Verlag GmbH
Baierbrunner Straße 27, 81379 München
Ausgabe 2014
2. Auflage

Chefredaktion: Dr. Matthias Feldbaum
Redaktion: Anke Fischer, Jenny Ranft
Fachredaktion: Frederik Kesting
Produktion: Frank Speicher
Illustrationen: Anja Imke
Abbildungen: siehe Bildnachweis S. 144
Titelabbildungen: im Uhrzeigersinn: Mongkol Chakritthakool (123rf);
Csati (fotolia); Henrik Lehnerer (shutterstock); skodonnell (iStockphoto);
George W. Bailey (shutterstock); MilanB (shutterstock)
Gestaltung: Roman Bold & Black, Köln
Umschlaggestaltung: X-Design, München

ISBN 978-3-8174-8873-5
381748873/2

www.compactverlag.de

Es ist gar nicht schwer!

Viele Menschen fangen an zu jammern, wenn sie das Wort Physik hören. Das liegt häufig daran, dass sie keine allzu guten Erinnerungen an den Physikunterricht in der Schule haben.

Dabei ist es eigentlich ganz leicht: Um die Grundbegriffe der Physik zu verstehen, muss man nämlich gar nicht viel rechnen. In diesem Buch wirst du sehen, dass die Physik eine interessante Sache ist und uns hilft, Vorgänge zu verstehen, die wir in der Natur oder im Alltag beobachten. Genau das macht diese Wissenschaft so spannend!

Beim Autofahren spürst du zum Beispiel, wie dich die Beschleunigung in den Sitz drückt und die Trägheit dich beim Bremsen gegen den Gurt schiebt. Hier erlebst du physikalische Kräfte am eigenen Körper.
Ohne Strom wäre unser Alltagsleben kaum vorstellbar. Die Elektrizität, die dahintersteckt, ist eine physikalische Erscheinung, die sich – in deutlich größerem Maßstab – auch in jedem Gewitter zeigt.
Arbeit lässt sich mithilfe der Physik häufig erleichtern: schiefe Ebenen, Rollen und Flaschenzüge, also Rampen, Räder und Kräne, ermöglichen es, auch große Massen ohne viel Kraftaufwand zu bewegen.

Du siehst: In wirklich jedem Winkel steckt Physik. Sie zu entdecken und zu verstehen, ist eine aufregende Sache. Gehe also mit offenen Augen durch die Welt, und schau dir die Dinge selbst an. Wenn du dieses Buch gelesen hast, wirst du eine ganze Menge mehr davon verstehen.

Viel Spaß bei deiner spannenden Reise durch die Welt der Physik!

Inhaltsverzeichnis

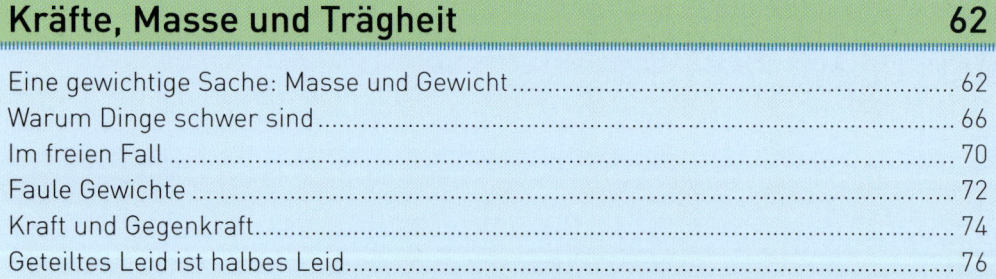

Luftdruck, Wasserdruck und Auftrieb 96

Schwingungen, Schall und Reflektionen 110

Licht, Strahl und Spiegelung 124

Bekannte Physiker

Physik – was ist denn das?

Von Physik hast du sicher schon einmal gehört. Dabei handelt es sich um eine wichtige und interessante Wissenschaft. Mit ihrer Hilfe lösen schlaue Leute komplizierte Probleme und wir haben ihr bedeutende Erfindungen wie das Radio, das Telefon und die Glühbirne zu verdanken.

↺ Die Physik hilft uns, unsere Welt zu verstehen.

So funktioniert's

Aber keine Angst: Die Grundbegriffe der Physik sind leicht zu verstehen. Außerdem sind sie spannend und interessant. Und wenn du sie in diesem Buch kennengelernt hast, kannst du so manches besser verstehen, was du in deiner Umgebung täglich siehst: warum manche Sachen schwimmen und andere nicht; wie man am besten mit jemandem wippt, der schwerer oder leichter ist als man selbst; wie ein Kompass funktioniert; warum Glühbirnen leuchten und vieles mehr.

↻ Wippen macht Spaß – und man kann es erklären.

↺ Und sie erleichtert unser Leben.

Wissenswert!

Die Physik und andere Wissenschaften

Die Physik ist nicht die einzige Wissenschaft: Die Chemie untersucht die Stoffe, ihre Eigenschaften und wie sie aufeinander wirken: zum Beispiel warum Eisen rostet oder warum Brausepulver sprudelt, wenn man es ins Wasser schüttet. Die Biologie untersucht alles Lebendige, von der Amöbe bis zum Elefanten, die Geologie befasst sich mit dem Aufbau der Erde und die Meteorologie mit dem Wetter und dem Klima.

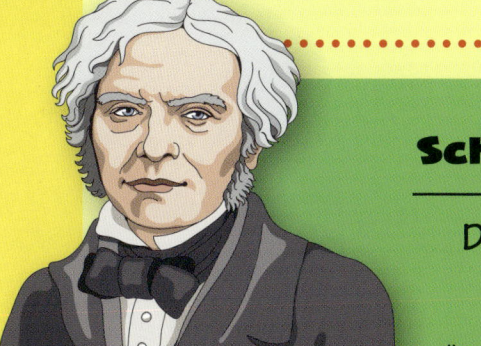

🎧 Michael Faraday

Schon gewusst?

Die Wissenschaften wirken zusammen

Übrigens überschneiden sich Wissenschaften und helfen sich gegenseitig. Früher grenzte man sie auch gar nicht so stark voneinander ab: Naturforscher im Altertum, im Mittelalter und sogar noch in der früheren Neuzeit waren oft - Universalgelehrte. Michael Faraday (1791–1867) etwa machte nicht nur als Physiker, sondern auch als Chemiker wichtige Entdeckungen.

↻ In der Biologie werden die Lebewesen untersucht: von der Amöbe bis zum Elefanten.

Was Physiker untersuchen

Die Physik ist die Lehre von den Körpern und wie sie aufeinander wirken. Unter Körpern versteht der Physiker nicht nur feste Gegenstände wie Steine, Kisten, Bälle, Bauklötze, Autos, Bretter oder Häuser. Auch Flüssigkeiten und Gase, also zum Beispiel Wasser oder Luft, sind für Physiker Körper: „Wo Luft ist, kann kein anderer Körper sein", stellte man schon vor langer Zeit fest. Das Gleiche gilt auch für Flüssigkeiten: Wenn du zu viele Eiswürfel in ein gefülltes Glas gibst, läuft es über, weil das Wasser in dem Glas nicht gleichzeitig da sein kann, wo die Eiswürfel sind.

Das ist noch lange nicht alles

Die Physik untersucht auch, was es mit dem Licht und der Energie auf sich hat.

⇨ Wo Luft oder Flüssigkeit ist, kann kein anderer Körper sein.

Was so alles zur Physik gehört

🎧 Wenn sich Atome schnell bewegen, wird es warm.

Die Physik besteht aus einer ganzen Reihe von Teilgebieten. Alle haben ihre speziellen Aufgaben, aber es gibt an vielen Stellen Überschneidungen. Beispielsweise kommt Wärme davon, dass sich Atome schnell bewegen, und hat daher genau genommen auch etwas mit Atomphysik zu tun, auch wenn es ein eigenes Gebiet namens Wärmelehre gibt.

Mechanik und Elektrizität

Die Mechanik befasst sich mit Dingen wie Rollen, Hebeln und schiefen Ebenen, also Dingen, die du anfassen kannst. Deswegen kann man hier auch gut experimentieren. Auch Magnetismus und Elektrizität gehören zur Physik. Hier kannst du ebenfalls experimentieren, solange du dich auf schwachen Strom aus kleinen Batterien beschränkst. Der Strom aus der Steckdose ist lebensgefährlich und nichts für Experimente!

⮕ Achtung, Strom: Damit ist nicht zu spaßen!

🎧 Steckdosen sind nicht zum Experimentieren geeignet!

Licht und Schall

Die Optik befasst sich mit dem Licht und den Dingen, die man mithilfe von Linsen, Prismen und Spiegeln damit anstellen kann. Die Akustik ist die Lehre vom Schall und untersucht Dinge wie die Schallgeschwindigkeit und warum es Echos gibt.

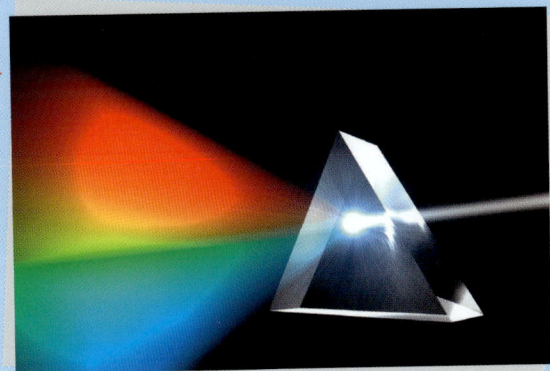

☝ Prismen können Licht umlenken oder brechen, sodass man sogar die verschiedenen Farben des Lichts erkennen kann.

↻ Wenn du sprichst, erzeugst du Schallwellen, die man hören kann.

Flüssigkeiten und Gase

Außerdem untersucht die Physik das Verhalten von Flüssigkeiten und Gasen. Für dieses Gebiet gibt es den tollen Namen „Fluidmechanik". Warum drückt es zum Beispiel auf die Ohren, wenn man tief taucht, und warum fliegt ein Luftballon?

Schon gewusst?

Physik und Chemie

Die Physik befasst sich mit Körpern. Untersucht man die Stoffe, aus denen sie sind, kommt man zur Chemie. Untersucht man aber die kleinsten Bestandteile der Stoffe, die Atome, gehört das komischerweise wieder zur Physik. Manche Leute rechnen die Chemie daher zur Physik hinzu und bezeichnen sie scherzhaft als den „schmutzigen Teil der Physik".

Wissenswert!

Astronomie und Himmelsmechanik

Auch die Astronomie rechnet man streng genommen zur Physik. Allerdings ist sie ein so großes Teilgebiet, dass man sie durchaus auch als eigene Wissenschaft sehen kann. Früher beschäftigten sich Astronomen meistens mit der Beobachtung von Himmelskörpern und ihren Bewegungen. Nachdem Isaac Newton (1643–1727) die Massenanziehung (also die Schwerkraft) entdeckt hatte, konnten er und seine Nachfolger diese Bewegungen auch physikalisch erklären.

☝ Tauchen kann ganz schön unangenehm sein.

↻ Astronomen beobachten, was am Himmel vor sich geht.

Werner Heisenberg

Seit etwa dem Beginn des 20. Jahrhunderts hat es in der Physik grundlegende Änderungen gegeben. Das bedeutet natürlich nicht, dass auf einmal das Hebelgesetz oder die Fallgesetze nicht mehr stimmen würden. Was sich geändert hat, ist die Art und Weise, wie Physiker versuchen, den Dingen auf den Grund zu gehen.

Die früheren Physiker stellten zum Beispiel einfach fest, dass Körper eine Masse haben, und untersuchten dann, was diese Masse so alles bewirkt. Das ist die klassische Physik. Die moderne Physik geht viel weiter: Sie untersucht, was in den Atomen vor sich geht und wie diese Dinge dafür verantwortlich sind, dass es physikalische Gesetze gibt.

Physik statt Mathe

Ein wichtiger Teil der modernen Physik ist die Quantenmechanik. Einer der Ersten, die sich mit ihr befassten, war Werner Heisenberg (1901–1976). Er wurde in Würzburg geboren, ging in München aufs Gymnasium und zur Uni. Zunächst wollte er Mathematik studieren, bekam aber gleich zu Anfang mit einem Professor Ärger, der nichts von der Anwendung der Mathematik in der modernen Physik hielt. Als er von Heisenberg erfuhr, dass dieser ein Buch über allgemeine Relativitätstheorie las, schimpfte er: „Dann sind Sie ja für die Mathematik ganz und gar verloren!" Heisenberg studierte daher doch nicht Mathe, sondern Physik.

⌂ Werner Heisenberg studierte an der Ludwig-Maximilians-Universität München.

⌂ Die Physik ist froh, dass Heisenberg an den unfreundlichen Mathematikprofessor geraten ist.

Heisenberg und der Krieg

Werner Heisenberg hielt zwar nichts von den Nazis, wanderte aber nicht, wie viele andere Physiker das taten, aus, nachdem Hitler die Macht übernommen hatte. Er sollte sogar dabei helfen, eine Atombombe für Hitler zu bauen. Heisenberg arbeitete zwar an dem Projekt mit, verriet aber nicht alles, was er wusste. So mussten die Nazis glauben, dass man nicht schnell genug eine Atombombe bauen könne, um damit den Krieg noch zu gewinnen.

↷ Werner Heisenberg nahm neben dem Nobelpreis auch noch viele andere Ehrungen entgegen. Hier erhielt er das Große Verdienstkreuz der Bundesrepublik Deutschland.

↷ Gott sei Dank konnten die Nationalsozialisten die vernichtenden Kräfte der Atombombe nicht nutzen.

Heisenberg und das Bohr'sche Atommodell

Unter anderem entwickelte Heisenberg das Atommodell von Niels Bohr weiter. Bei ihm sausen die Elektronen aber nicht mehr auf Kreisbahnen um den Atomkern. Stattdessen stellte er fest, dass Physiker nur die Wahrscheinlichkeiten dafür berechnen können, wo sich die Elektronen gerade befinden. Das klingt seltsam, aber dieses Atommodell hilft den Wissenschaftlern, manche Dinge zu erklären, die man mit dem Modell von Niels Bohr nicht erklären kann.

Die Physik und die anderen Wissenschaften

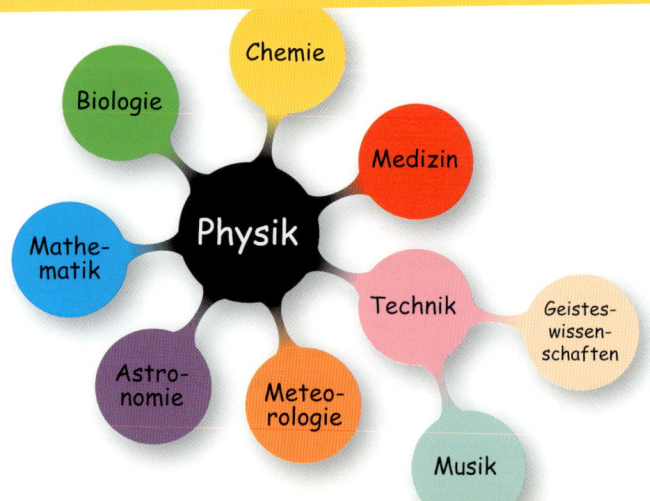

Die Physik steht nicht alleine da, sondern wirkt mit anderen Wissenschaften zusammen. Vielen anderen Wissenschaften hilft sie, - manche Wissenschaften helfen wiederum ihr.

Physik und Mathematik

Besonders hilfreich für die Physik ist die Mathematik. Mit ihr kann man viele physikalische Vorgänge untersuchen und vorausberechnen. Wie du in diesem Buch sehen wirst, braucht man zwar keine Mathematik, um einige grundlegende Dinge der Physik zu verstehen. Für Physiker, die es genauer wissen wollen, ist die Mathematik aber eine feine Sache.

Die Meteorologen und die Physik

Die Meteorologie, die Wetterkunde, wäre ohne Physik aufgeschmissen. Für eine richtige Wettervorhersage muss man Dinge wie Luftdruck, Temperatur und Luftfeuchte messen und deuten. Mit dem Barometer messen die Wetterkundler den Luftdruck, mit dem Hygrometer die Feuchte der Luft und mit dem Thermometer die Temperatur.

🎧 Mathe kann dir in der Physik helfen.

Physik und Klänge

Auch für die Musik ist die Physik wichtig: Ob Töne miteinander harmonieren oder schief klingen, ist kein Zufall, sondern lässt sich mithilfe der Physik erklären. Die Harmonielehre der Musiker, also die theoretischen Grundlagen, nach denen man Musikstücke komponieren kann, basiert auf physikalischen Gegebenheiten.

Auch Musikinstrumente gehorchen der Physik. Man konnte schon früher nach Gefühl und Erfahrung gute Musikinstrumente bauen. Heute kann man sie mithilfe moderner Erkenntnisse über die Akustik noch - verfeinern.

Ob etwas harmonisch klingt oder nicht, hängt ebenfalls von der Physik ab.

Die Physik als Helferin der Chemie

Für viele Wissenschaften ist die Physik hilfreich. Physikalische Größen wie Druck und Temperatur spielen zum Beispiel bei vielen chemischen Reaktionen eine große Rolle. Auch Mengen sind wichtig, damit die Chemiker die Stoffe für einen Versuch im richtigen Verhältnis mischen. Deswegen gehörten schon früher in ein ordentliches chemisches Labor auch Messgeräte wie Thermometer, Messgefäße und Waagen. Heute gibt es sogar allerhand elektronische Geräte, die dem Chemiker beim Untersuchen von Stoffen helfen.

In der Chemie spielen physikalische Größen wie Druck und Temperatur eine wichtige Rolle.

Physik für Biologen

Will man kleine oder weit entfernte Dinge betrachten, braucht man Geräte, die nach den Gesetzen der Optik funktionieren. Biologen können mit Ferngläsern Tiere beobachten und sich mit Mikroskopen feine Strukturen wie einzelne Zellen anschauen. Als Mikroskope aufkamen, konnten Naturforscher eine Menge Fragen beantworten, über die man vorher nur spekulieren konnte.

⊃ Die Gesetze der Optik helfen den Biologen bei ihren Tierstudien.

Mein Experiment:

Mehr sehen als andere

Nimm ein Fernglas und schau dir in einer klaren Nacht damit den Himmel an. Du wirst eine Menge zusätzlicher Sterne sehen, die du mit dem bloßen Auge nicht erkennen kannst. Wenn der Mond da ist, kannst du auf seiner Oberfläche ebenfalls wesentlich mehr erkennen als ohne Glas. Auch bei Tag ist das Fernglas nützlich: Du kannst damit Tiere beobachten, die dich nicht nahe heranlassen oder die du nicht stören willst.

Astronomen und die Physik

Astronomen benutzen Fernrohre und Spiegelteleskope, um am Himmel Dinge zu sehen, die man mit bloßem Auge nicht sieht. Solche Geräte funktionieren nach den Gesetzen der Optik. Nach allem, was man weiß, gelten die physikalischen Gesetze auch im Weltraum. Seit man die Massenanziehung – viele sagen Schwerkraft dazu – kennt, gibt es die Himmelsmechanik. Mit ihrer Hilfe erklären und berechnen die Astronomen die Bahnen von Planeten, Monden und anderen Himmelskörpern.

⊃ Die Oberfläche des Mondes ist alles andere als glatt.

⊃ Die Astronomen können mithilfe des Teleskops die unendlichen Weiten des Weltalls erforschen.

Wissenswert!

Physik und Chemie im Auto

Bei einem Automotor wirken Physik und Chemie eng zusammen: Dass die heißen Gase die Kolben bewegen und die Kurbelwelle daraus eine Drehbewegung macht, ist Physik. Kraftstoffe zu finden, die möglichst viel Energie liefern, ist Sache der Chemie.

So sieht eine Kurbelwelle aus.

Ein Besuch in der Sternwarte

Frag doch einmal deine Eltern, ob es bei euch in der Nähe eine Volkssternwarte gibt und ob sie mit dir hingehen! Mit dem Teleskop in einer Sternwarte sieht man noch eine ganze Menge mehr als mit einem Fernglas. Außerdem gibt es dort Leute, die einem alles erklären können.

Beim Besuch einer Sternwarte kannst du dank des Teleskops unser Sonnensystem erforschen.

Der Computer und die Wissenschaften

Wenn man einen Computer erfinden und bauen will, muss man eine ganze Menge über Physik wissen. Und ohne Computer kommt heute kaum mehr ein Wissenschaftler aus. So gesehen hilft die Physik also nicht nur den Naturwissenschaftlern, sondern auch Sprachwissenschaftlern, Juristen, Historikern und anderen Geisteswissenschaftlern.

Einen Computer bauen kann nicht jeder.

15

Die Physik ist die Freundin der Technik

Der Mensch hat natürlich eine ganze Reihe von Dingen erfunden, ohne viel über Physik zu wissen: Wind- und Wassermühlen wurden erfunden, lange bevor man begann, Strömungen physikalisch zu untersuchen. Auch benutzten die Steinzeitmenschen schon Hämmer, ohne dass sie etwas über Bewegungsenergie wissen mussten. Die Wikinger bauten nach Gefühl erstaunlich schnelle Schiffe, ohne sich mit der Strömungslehre auszukennen.

↻ Physikalische Gesetze wirkten zu allen Zeiten der Menschheitsgeschichte, auch schon, als dieser Hammer aus der Steinzeit benutzt wurde.

Die Physik verbessert vieles

Viele Dinge kann man nach Gefühl so bauen, dass sie einwandfrei funktionieren. Mithilfe der Physik kann man solche Dinge aber oft noch erheblich verbessern. Die Flügel moderner Windkraftwerke zum Beispiel werden anhand physikalischer Gesetze genau berechnet. Daher nutzen sie den Wind viel besser als die alten Windmühlen, die man nach Gefühl und Erfahrung baute.

⌒ Eine mit Erfahrung gebaute Windmühle

↻ Moderne, exakt berechnete Windräder

Wissenswert!

Dampfmaschinen, Motoren und Physik

Die Physik der Gase ist eine komplizierte Sache. Als man nach und nach hinter ihre Geheimnisse kam, konnte man Dampfmaschinen bauen, die den Brennstoff sehr viel besser ausnutzten. Auch die modernen sparsamen Automotoren sind möglich, weil Physiker und Ingenieure immer mehr darüber herausgefunden haben, was in so einem Motor eigentlich genau passiert.

Bauwerke und Computer

Die Baumeister früherer Zeiten konnten auch schon tolle Gebäude entwerfen und errichten. Schau dir eine Burg, eine alte Kirche oder Häuser in einer historischen Altstadt an. Dabei wirst du feststellen, dass hier alles sehr stabil und kräftig gebaut ist: Weil die alten Baumeister ihre Gebäude nicht so genau berechnen konnten, machten sie einfach alles ein wenig stärker. Heute kann man Bauwerke mithilfe der Physik genau berechnen und daher nicht nur elegant,

🎧 Mit Papier und Rechenschieber ist es manchmal etwas mühsam.

sondern auch Material sparend bauen. Sogar Computer funktionieren nach physikalischen Gesetzen. Sie helfen den Technikern heute, beim Konstruieren die vielen Formeln anzuwenden, ohne sich wie früher mit Stift, Papier und Rechenschieber plagen zu müssen.

⟳ Der Computer erleichtert viele Berechnungen.

Schon gewusst?

Der erste rechnende Schiffbauer

Schiffsrümpfe kann man erst seit etwa 150 Jahren berechnen, vorher baute man sie nach Gefühl. Colin Archer (1832–1921) entwickelte als Erster Rechenmethoden für die Konstruktion von Schiffsrümpfen.

⟳ Das von Colin Archer für die norwegische Seenotrettung konstruierte Segel-Seenot-Rettungsboot wird bis heute als Segelyacht gebaut.

Strenge Gesetze

In der Physik gibt es strenge Regeln, die physikalischen Gesetze. Wenn man sie kennt, kann man das Ergebnis von vielen physikalischen Vorgängen voraussehen und sie nutzen, um hilfreiche Dinge zu erfinden: vom Flaschenzug bis zum Computer.

Die Gesetze der Physik sind vielfältig und häufig nach ihrem Entdecker benannt: Ohm'sches Gesetz, Newton'sches Gravitationsgesetz, Kepler'sche Gesetze und so weiter.

🎧 Weil die physikalischen Gesetze immer gelten, muss man kein Hellseher sein, um manche Ereignisse vorherzusagen.

Keine mildernden Umstände

„Dura lex, sed lex", sagten schon die alten Römer: „Das Gesetz ist hart, aber es ist das Gesetz." Das gilt ganz besonders für physikalische Gesetze. Jemand, der gestohlen hat, bekommt vor Gericht vielleicht mildernde Umstände, wenn er es aus Not getan hat. Bei physikalischen Gesetzen gibt es das nicht: Das Fallgesetz macht keine Ausnahme, auch nicht, wenn es Mamas beste Vase ist, die dir aus der Hand rutscht und herunterfällt.

➲ Das Fallgesetz ist unbestechlich.

Verlässliche Gesetze

Es ist aber auch gut, dass die Gesetze der Physik so streng sind. Man kann sich nämlich auf sie verlassen. Das bedeutet, dass Dinge, die man aufgrund physikalischer Gesetze baut, immer funktionieren, wenn sie richtig konstruiert sind. Schau dir eine Pendeluhr an: Das Pendel braucht eine ganz bestimmte Zeit, um einmal hin- und herzuschwingen. Wie lange diese Zeit ist, das hängt von der Länge des Pendels ab und lässt sich sogar berechnen.

Weil das Pendel aufgrund eines physikalischen Gesetzes immer gleich schnell schwingt, stimmt die Pendeluhr nicht nur zufällig irgendwann einmal, sondern heute, morgen und auch noch in einem Jahr. Und wenn man genau die gleiche Uhr in einer Fabrik viele Male baut, gehen alle diese Uhren ebenfalls einwandfrei.

🎧 Wegen eines physikalischen Gesetzes ist auf diese Zeitangabe Verlass.

Wissenswert!

Physikalische Gesetze finden

Um die Gesetze der Physik nutzen zu können, muss der Mensch sie herausfinden. Dabei kann ein Experiment helfen: Man experimentiert, zählt und misst und schaut dann, ob man Gesetzmäßigkeiten findet. Galileo Galilei (1564–1642) beispielsweise kam hinter die Fallgesetze, indem er eine Kugel eine Rinne hinabrollen ließ und die Zeit maß, die sie für verschiedene Strecken benötigte.

Schon gewusst?

Eine Legende

Es wird oft erzählt, dass Galileo Galilei Gegenstände vom Schiefen Turm von Pisa fallen ließ, um den freien Fall zu erforschen. Das stimmt nicht, schon allein deswegen, weil es damals noch keine Uhren gab, die solche kurzen Fallzeiten genau messen konnten.

🎧 Galileo Galilei auf dem Schiefen Turm von Pisa: nur eine Legende, aber immerhin eine nette Geschichte

Messen, zählen und rechnen

Um einige physikalische Phänomene verstehen zu können, benötigt man keine Mathematik. Manchmal ist es aber ganz geschickt, wenn man ein wenig physikalisch rechnen kann, und auch das ist nicht wirklich schwer.

↻ Hiermit misst man Längen ...

Abgeleitete Einheiten

Auf dem Tachometer eines Autos kannst du die Geschwindigkeit in Kilometer pro Stunde (km/h) ablesen. „50 km/h" bedeutet, dass das Auto 50 Kilometer zurücklegen würde, wenn man eine Stunde mit dieser Geschwindigkeit fahren würde. Man kann die Geschwindigkeit aus Weg und Zeit berechnen, indem man den Weg durch die Zeit teilt: Wenn du in zwei Stunden 100 km gefahren bist, warst du 100 km : 2 h = 50 km/h schnell. Damit hast du schon deine erste physikalische Berechnung ausgeführt und eine abgeleitete Einheit kennengelernt: Die Geschwindigkeit misst man in Kilometer pro Stunde (km/h).

Einheiten in der Physik

Um rechnen zu können, benötigt man in der Physik Einheiten. Viele physikalische Einheiten kennst du aus dem Alltag: Längen misst man in Meter (m) oder Kilometer (km), die Zeit in Sekunden (s), Stunden (h) und Minuten (min), die Masse in Gramm (g) und Kilogramm (kg).

↻ ...hiermit die Zeit ...

↻ ...und hiermit Massen.

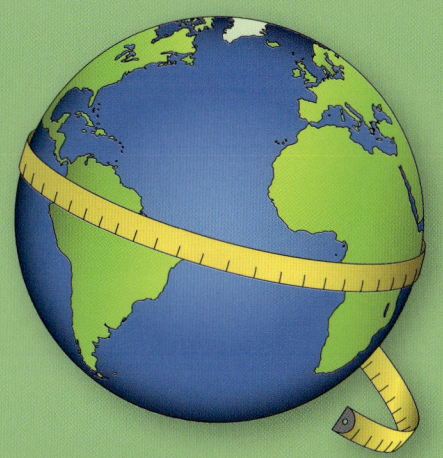

Der Meter

Heute wird als Längenmaß fast überall auf der Welt der Meter verwendet. Ein Meter ist der 40.000.000ste (vierzigmillionste) Teil des Erdumfanges am Äquator. Er wurde in Frankreich „erfunden". In Paris wird auch heute noch das sogenannte Urmeter aufbewahrt: eine Schiene aus Platin und Iridium, die früher die Länge von einem Meter festgelegt hat.

◖ Ein Meter ist der 40.000.000ste Teil des Erdumfangs am Äquator.

Mein Experiment:

Miss selbst!

Bei dir zu Hause findest du wahrscheinlich mehrere Geräte zum Messen von Längen: das Lineal aus deinem Schulranzen, einen Meterstab, das Maßband aus Mamas Nähkästchen… Miss damit bei allen möglichen Gegenständen Länge, Durchmesser und Umfang!
Wenn du eine längere Strecke messen willst, kannst du sie abschreiten. Zähle die Schritte, die du brauchst, um 100 Meter zurückzulegen (zum Beispiel auf der Hundert-Meter-Bahn auf dem Sportplatz). Jetzt kannst du die Schritte auf einem beliebigen Weg zählen und ausrechnen, wie weit es in die Schule, zum Bolzplatz, zu deiner besten Freundin oder wohin auch immer ist.

⟳ Wenn du weißt, wie viele Schritte du für 100 Meter benötigst, kannst du andere Strecken mit diesem Wissen abschreiten und so die Länge bestimmen.

Zeitmessung

Schon seit ca. 6000 Jahren versucht man, die Zeit genauer zu bestimmen. Die alten Sumerer hatten Sonnenuhren, die Ägypter Wasseruhren. Später wurden in Europa die Sanduhren genutzt, bevor schließlich mechanische Uhren erfunden wurden.

↻ An der Sonnenuhr lässt sich auch die Zeit ablesen.

↻ Jeden Tag macht der Sekundenzeiger 86.400 Schritte.

Wissenswert!

Die Sekunde

Sicher weißt du, dass ein Tag 24 Stunden hat, eine Stunde 60 Minuten und eine Minute 60 Sekunden. Daher hat der Tag $24 \cdot 60 \cdot 60 = 86.400$ Sekunden und die Sekunde ist der 86.400ste Teil eines Tages.

Der Puls ist eine Frequenz

Wenn du eine Uhr mit Sekundenanzeige hast, kannst du deinen Puls messen. Suche ihn – am besten am Handgelenk – und schau auf die Uhr. Bei der vollen Minute fängst du an, die Pulsschläge zu zählen, und zwar so lange, bis 15 Sekunden vergangen sind. Wenn du die gezählten Schläge mit vier malnimmst, bekommst du deinen Puls in Schlägen pro Minute. Eine solche Zahl, die angibt, wie oft etwas in einer bestimmten Zeit geschieht, nennt man übrigens Frequenz.

↻ So kannst du die Frequenz deines Pulsschlags bestimmen.

Kilo…, Milli…, Zenti…

Längen misst man, wie du jetzt weißt, in Meter. Manchmal ist das geschickt, etwa wenn du Länge und Breite eures Gartens messen willst. Manchmal ist der Meter aber auch ungeschickt. Um die Breite einer Zündholzschachtel in Meter anzugeben, müsste man einen Bruchteil eines Meters angeben. Einfacher geht das, wenn man ein kleinere Einheit hat: zum Beispiel Zentimeter oder Millimeter. Ein Zentimeter ist der 100ste Teil eines Meters, ein Millimeter der 1000ste Teil.

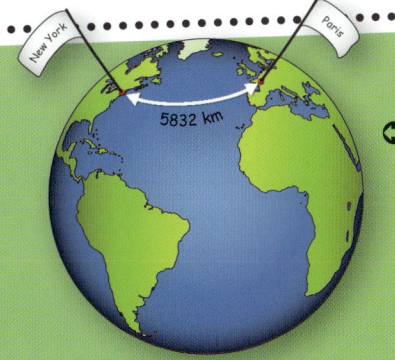

Ähnlich ungeschickt ist der Meter bei großen Längen, zum Beispiel bei der Entfernung von Paris nach New York. Hier misst man in Kilometer, wobei ein Kilometer 1000 Meter hat. In vielen Fällen ist auch das Gramm (g) als Einheit der Masse unhandlich. Dann nimmt man das Kilogramm (1000 g) oder sogar die Tonne (1000 kg).

↻ Stell dir vor, die Entfernung würde anders angegeben: Das sähe dann so aus: 5.832.000 Meter oder 5.832.000.000 Millimeter. Große Entfernungen werden also besser in Kilometer genannt.

↻ Manche Zuordnungen waren schwierig …

↻ … da ist das heutige metrische System schon leichter zu durchschauen.

Schon gewusst?

Alte Maßeinheiten

Früher rechnete man nicht mit Meter und Kilogramm, sondern mit Einheiten wie Klafter, Fuß, Unze und Pfund. Die waren auch nicht wie die heutigen Einheiten weltweit gleich, sondern in jedem Land anders und oft ganz komisch unterteilt: Zum Beispiel hatte ein Pfund zwölf Unzen und ein Klafter sechs Fuß. Du kannst dir leicht vorstellen, dass unser heutiges, fast weltweit gültiges metrisches System ein großer Vorteil für Technik und Wirtschaft ist.

Keiner weiß, wie es wirklich aussieht: das Atom

Stell dir vor, man könnte mit einem ganz feinen Werkzeug ein Stück Eisen immer wieder durchschneiden. Könnte man das beliebig oft tun oder wäre irgendwann Schluss?

◖ Kann man das beliebig oft machen?

Wissenswert!

Genau diese Frage stellte sich vor über 2000 Jahren schon der griechische Philosoph Demokrit (ca. 460–400 oder 380 v. Chr.). Er kam zu dem Schluss, dass es wohl kleinstmögliche Teilchen gebe, die unteilbar (griechisch: atomos) seien. Daher kommt auch der Name der kleinsten Teilchen aller Stoffe, der Atome.

⟳ Demokrit schlussfolgerte, dass es kleinstmögliche, unteilbare Teilchen gibt.

Ein Atommodell

Da man Atome auch mit den stärksten Lichtmikroskopen nicht wirklich sehen kann, macht man sich Vorstellungen davon, wie sie aufgebaut sein könnten. Eine solche Vorstellung ist zum Beispiel das Atommodell des dänischen Physikers Niels Bohr (1885–1962). Demnach besteht ein Atom aus einem Kern und einer Hülle.

Der Kern enthält ein oder mehrere Protonen, die elektrisch positiv geladen sind. Fast immer sind auch sogenannte Neutronen dabei, die elektrisch neutral sind. Die Hülle besteht immer aus genauso vielen elektrisch negativ geladenen Elektronen, wie das Atom Protonen hat. Sie fliegen um den Kern herum wie Planeten um eine Sonne.

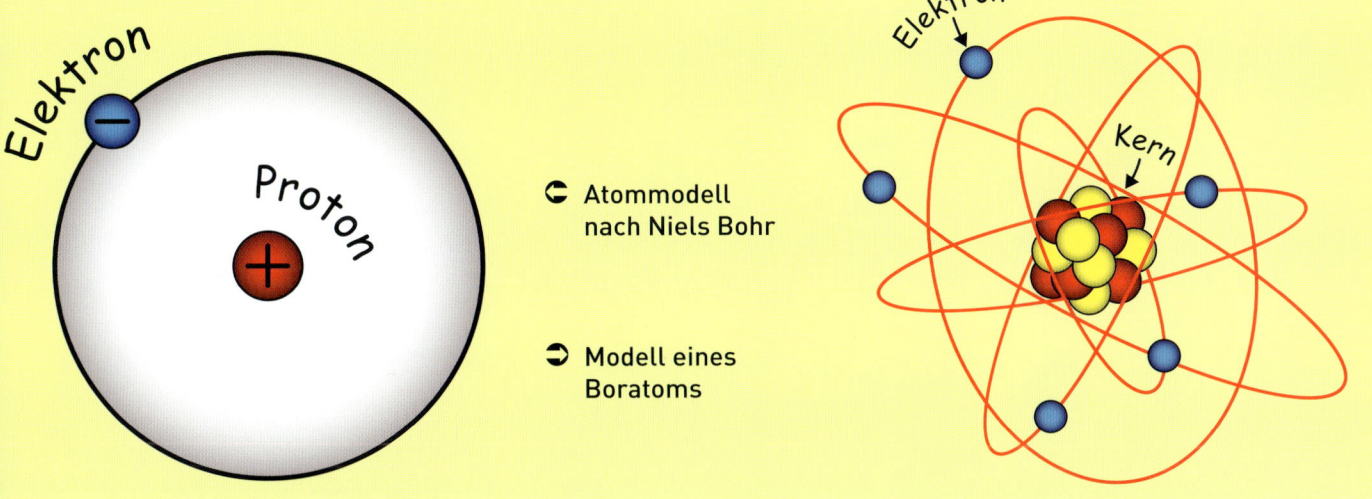

↺ Atommodell nach Niels Bohr

↻ Modell eines Boratoms

Um welchen Stoff es sich bei einem Atom handelt – Eisen, Schwefel, Kohlenstoff, Cäsium oder Germanium und so weiter – hängt davon ab, wie viele Protonen und Elektronen es enthält. Das einfachste Atom ist das Wasserstoffatom, das nur ein einziges Proton und deswegen auch nur ein Elektron hat.

↻ Vielleicht kannst du dir auf diese Weise die Namen der unterschiedlichen Elemente besser merken. Welches Bild fällt dir wohl zum Element Titan ein?

Moleküle

Atome können sich miteinander verbinden. Die Gebilde, die dabei entstehen, heißen Moleküle. Ein Molekül, das du bestimmt kennst, ist Wasser. Es besteht aus Wasserstoff- und Sauerstoffatomen.

⟳ Wenn du im Sommer baden gehst, dann schwimmst du in Molekülen, die sich aus Sauerstoff und Wasserstoff zusammensetzen.

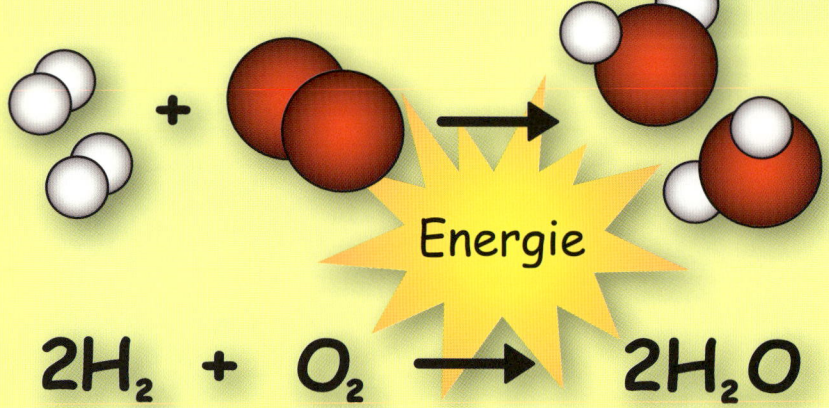

Energie

$$2H_2 + O_2 \longrightarrow 2H_2O$$

Schon gewusst?

Atomzertrümmerung

Heute wissen wir, dass man Atome auch noch zerlegen kann. Die Einzelteile, die man erhält, wenn man zum Beispiel ein Eisenatom zerlegt, bestehen dann aber nicht mehr aus Eisen. So gesehen ist ein Atom tatsächlich unteilbar – und zwar in dem Sinne, dass es die kleinstmögliche Menge eines Stoffes ist. Zerlegt man ein Atom, erhält man noch kleinere Teilchen, die nichts mehr mit dem Stoff zu tun haben, von dem das Atom ursprünglich stammte.

Radioaktive Elemente

Das Atommodell nach Niels Bohr besteht aus einer Art Baukastensystem: Man nimmt eine bestimmte Anzahl Protonen für den Kern und genauso viele Elektronen für die Hülle. Außerdem benötigt man noch einige Neutronen, die das Atom stabiler machen. So bekommst du lauter verschiedene chemische Elemente.

Man könnte nun meinen, dass auf diese Weise beliebig große Atome möglich werden. Das stimmt aber nicht: Wenn ein Atomkern aus zu vielen Protonen besteht, wird er instabil. Das musst du dir ungefähr so vorstellen, wie wenn man zu viele Kugeln Eis auf ein Waffelhörnchen packt. Das hält nämlich auch nicht.

Manche Atome mit zu großen Atomkernen zerfallen daher sehr leicht. Dabei entstehen Atome mit kleineren Kernen und es wird Energie in Form von radioaktiver Strahlung frei. Diese Strahlung ist sehr gefährlich. Elemente, die auf diese Weise zerfallen, heißen radioaktive Elemente. Zum Glück gibt es nicht so viele davon!

🎧 Die Energie, die beim Zerfall der radioaktiven Elemente in Kernkraftwerken entsteht, wird weltweit genutzt. Dass die Gefahren für die Weltbevölkerung aber nicht zu unterschätzen sind, hat das Reaktorunglück 2011 in Fukushima wieder deutlich gemacht.

Schon gewusst?

Fast nichts

Obwohl Atome schon winzig klein sind, sind Protonen, Elektronen und Neutronen noch viel, viel kleiner, sodass in einem Atom fast nur leerer Raum ist. Unsere Welt besteht daher genau genommen überwiegend aus nichts.

Wissenswert!

Klein, aber schwer

Könnte man die Atome und Atomteilchen eines Lastzuges so stark zusammendrücken, dass kein leerer Raum mehr dazwischen wäre, würde das Fahrzeug ohne Weiteres in einen Fingerhut passen. Dieses kleine Stückchen wäre dann aber trotzdem genauso schwer wie der normal große Lastzug.

➲ Ohne die Zwischenräume zwischen den Atomteilchen würde die gesamte Masse des Lastzuges in den Fingerhut passen.

Niels Bohr

Das Atommodell, das du hier kennengelernt hast, stammt von Niels Bohr (1885–1962). Er wurde in Kopenhagen geboren, der Hauptstadt von Dänemark. Dort ging er auch zur Schule und studierte von 1903 bis 1909 Physik, Mathematik, Chemie, Astronomie und Philosophie. Während des Studiums bekam er die Goldmedaille der Königlich Dänischen Akademie der Wissenschaften für seine Arbeit über die Oberflächenspannung von Flüssigkeiten. Seinen Doktor machte er 1911, und zwar mit einer Arbeit über die magnetischen Eigenschaften von Metallen. Nach einer Zeit in Großbritannien kam Niels Bohr zurück nach Dänemark. Er wurde zunächst Dozent und später Professor an der Universität in Kopenhagen, wo er auch schon studiert hatte. Schließlich leitete er dort 1921 sogar ein eigenes Institut, nämlich das Institut für theoretische Physik.

↻ Um die Jahrhundertwende sah die Wirkungsstätte Nils Bohrs so aus.

➲ Für seine herausragenden Entdeckungen auf dem Gebiet der Physik erhielt Niels Bohr 1922 den Nobelpreis.

Niels Bohr und die Atome

Die Atome, ihr Aufbau und die von ihnen ausgehenden Strahlungen waren das Hauptarbeitsgebiet von Niels Bohr. Dafür erhielt er auch 1922 den Nobelpreis für Physik.

Sein Atommodell, das du hier in diesem Buch kennenlernst, ist zwar heute überholt, hat jedoch immer noch seine Vorteile: Es ist recht einfach zu verstehen und eignet sich dazu, eine ganze Menge Sachen aus der Physik und der Chemie zu erklären, vor allem solche, die tatsächlich in unserem Alltag eine Rolle spielen.

Niels Bohr entwickelte sein Atommodell 1913, also erst zwei Jahre nachdem er seinen Doktor gemacht hatte. Später wurde es noch weiterentwickelt und diente viele Jahre dazu, mehr über Atome herauszufinden.

Niels Bohr ganz privat

Offensichtlich war Niels Bohr auch nicht ohne Humor. Über der Tür seines Landhauses hatte er ein Hufeisen hängen. Als er einmal Besuch von einem anderen Physiker bekam, wunderte der sich darüber. Schließlich erwartet man ja von einem Wissenschaftler nicht, dass er abergläubisch ist und sich ein Hufeisen als Glücksbringer über die Tür hängt.

Der Besucher fragte Niels Bohr also, ob er etwa an so etwas glaube. Der meinte daraufhin: „Nein, natürlich nicht. Aber ich habe mir sagen lassen, dass es auch funktioniert, wenn man nicht daran glaubt."

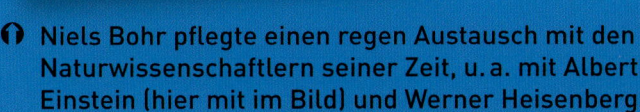

🎧 Niels Bohr pflegte einen regen Austausch mit den Naturwissenschaftlern seiner Zeit, u. a. mit Albert Einstein (hier mit im Bild) und Werner Heisenberg.

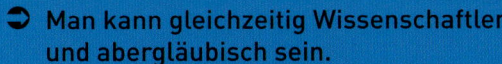

➲ Man kann gleichzeitig Wissenschaftler und abergläubisch sein.

Die elektrischen Männchen

Bei allem, was mit Elektrizität zu tun hat, spielen die Elektronen eine Rolle, die du bereits von den vorherigen Seiten über das Atom kennst. Sie transportieren den elektrischen Strom.

➲ Die Elektronen wollen vom Minus- zum Pluspol – nicht andersherum.

Die technische Stromrichtung
In der Technik heißt es, dass der Strom von Plus nach Minus fließt. Das liegt daran, dass man früher dachte, die Elektronen seien positiv und nicht negativ.

Immer von Minus nach Plus

Damit in einem Leiter Strom fließt, muss an der einen Seite ein Minus- und an der anderen ein Pluspol sein. Stell dir die freien Elektronen einfach als winzig kleine Männchen vor. Am Minuspol werden viele solcher elektrischer Männchen in den Leiter gezwängt. Das gibt natürlich ein großes Gedrängel und die elektrischen Männchen wollen fort, zum Pluspol, wo es wenig Elektronen gibt.

🎧 Alle sind auf dem Weg zum Pluspol.

Freie Elektronen

Nicht immer sind Elektronen fest an bestimmte Atomkerne gebunden. In manchen Stoffen können sie sich frei herumtreiben. Man spricht dann von freien Elektronen. Stoffe mit freien Elektronen nennt man elektrische Leiter, denn sie leiten den elektrischen Strom. Manche, zum Beispiel Kupfer und Aluminium, tun das sogar besonders gut. Aus ihnen stellt man elektrische Leitungen her.

Stoffe ohne oder mit ganz wenig freien Elektronen leiten den elektrischen Strom gar nicht oder kaum. Deshalb nennt man sie ... Rate mal! ... Ja – ganz richtig: Nichtleiter. Manche sagen auch Isolatoren dazu, vor allem dann, wenn sie den elektrischen Strom ganz besonders schlecht leiten wie Gummi oder Plastik. Aus ihnen kann man die Isolierung für die elektrischen Leitungen machen.

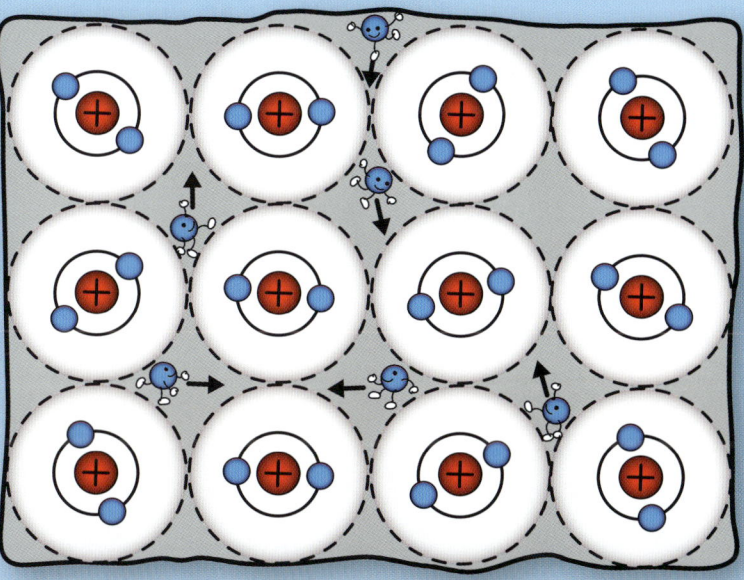

↩ Diese Herumtreiber leiten den elektrischen Strom.

↪ Solche riesengroßen elektrischen Leiter hast du bestimmt schon oft gesehen.

 frei bewegliche Elektronen (-)   ⊕ unbewegliche positive Atomkerne (+)

Spannung und Spannungsquelle

Damit es am Pluspol zu wenig und am Minuspol zu viel Elektronen gibt, braucht man eine Spannungsquelle, zum Beispiel eine Taschenlampenbatterie. Die lockt am Pluspol Elektronen aus dem Leiter und schickt dafür am Minuspol wieder welche auf die Reise. Je nach Stärke der Spannungsquelle haben die Elektronen ein unterschiedlich großes Bedürfnis, von Minus nach Plus zu kommen. Dieses Bedürfnis nennt man elektrische Spannung.

Wissenswert!

Herr Volta und das Volt

Die elektrische Spannung misst man in Volt. Diese Einheit ist nach dem italienischen Physiker Alessandro Volta (1745–1827) benannt, der sich viel mit Elektrizität beschäftigt hat.

Trifft dich der Schlag?

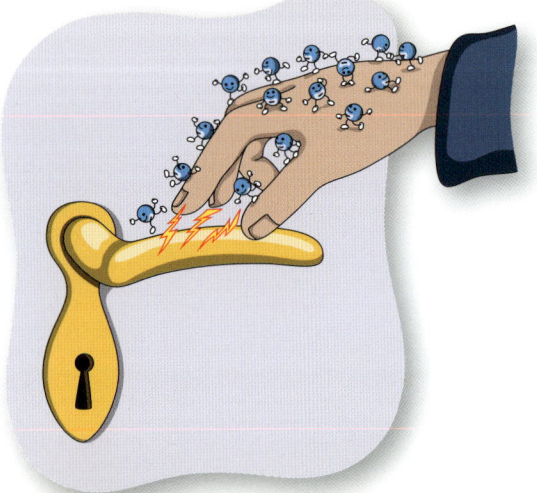

Kennst du „elektrisches Wetter"? An kalten, trockenen Tagen knistert es oft beim Kämmen und wenn man den Pullover auszieht. Und manchmal bekommt man sogar einen Schlag, wenn man über eine bestimmte Art von Teppichboden gegangen ist und dann die Türklinke anfasst!

↻ Autsch – das kann wehtun.

Statische Elektrizität

Hinter diesen seltsamen Erscheinungen steckt die Elektrizität, genauer gesagt die statische Elektrizität, die meist durch Reibung entsteht. Wenn man bestimmte Stoffe aneinanderreibt, schaufelt man damit gewissermaßen elektrische Männchen, also Elektronen, von dem einen auf den anderen Stoff. Dann sind auf der einen Seite zu viele und auf der anderen zu wenige Elektronen. Man sagt, die eine Seite sei negativ und die andere positiv geladen. Zwischen den beiden Gruppen entsteht so eine elektrische Spannung.

Diese Spannung bei der statischen Elektrizität ist meist sehr hoch. Deswegen brauchen die Elektronen keinen elektrischen Leiter, sondern können als Funken zurückspringen. Und diese Funken merkt man als Knistern beim Kämmen oder beim Ausziehen des Pullovers. Im Dunkeln kann man sie manchmal sogar sehen.

🎧 Weil durch die Reibung mit der Rutsche der Körper elektrisch aufgeladen wurde, stoßen sich die Haare voneinander ab.

Elektrisch geladene Wolken

Auch Wolken können sich durch innere Reibung aufladen, wenn sie bei heißem Wetter als Gewitterwolken aufsteigen. Wenn sich so eine Ladung zur Erde oder zu einer anderen Wolke entlädt, entsteht ein gewaltiger elektrischer Funken, den wir als Blitz sehen.

Bei elektrisch geladenen Gewitterwolken sind natürlich viel, viel mehr Elektronen im Spiel als bei den Effekten, die du bei „elektrischem Wetter" beobachten kannst. Deswegen ist ein Blitz auch viel gefährlicher als die Funken, die beim Ausziehen eines Pullovers entstehen können. Wo er einschlägt, können gewaltige Schäden entstehen und vor allem auch Dinge in Brand geraten. Sicher hast du schon einmal davon gehört oder in der Zeitung gelesen, dass ein Haus gebrannt hat, weil der Blitz eingeschlagen hat.

🎧 Durch Blitze entlädt sich die Spannung.

Der bequemste Weg

Vielleicht hast du auch schon einmal beim Spazierengehen einen vom Blitz gespaltenen Baum gesehen? Daran kannst du gut erkennen, welche Kraft so ein Blitz hat.

Du siehst daran aber meist noch etwas: Vom Blitz getroffen werden sehr oft Bäume, die einzeln in der freien Landschaft und nicht im Wald stehen. Der Blitz sucht sich nämlich immer den bequemsten Weg. Und der führt typischerweise über Dinge, die über alles andere um sie herum hinausragen, wie eben ein Baum auf einer flachen Wiese. Deswegen sollte man bei einem Gewitter nicht über ein freies Feld gehen oder sich unter einem einzelnen Baum unterstellen.

↻ Du solltest dich während eines Gewitters nie auf einem freien Feld bewegen oder unter einem einzelnen Baum Schutz suchen.

Wissenswert!

Der Blitzableiter

Der amerikanische Staatsmann und Wissenschaftler Benjamin Franklin (1706–1790) fand heraus, dass Blitze elektrische Erscheinungen sind. Er erfand auch gleich einen Schutz gegen sie: den Blitzableiter.

Der Blitzableiter ist einfach eine eiserne Spitze, die ein Stückchen über das Hausdach hinausragt und über ein dickes Metallband elektrisch leitend mit dem Erdboden verbunden ist. So stellt diese eiserne Spitze für den Blitz den bequemsten Weg zur Erde dar und er schlägt in sie ein und nicht in das Haus.

⮕ Der Blitzableiter sorgt dafür, dass der Blitz nicht in das Haus einschlägt.

Mein Experiment:

Der elektrische Luftballon

Reibe einen aufgeblasenen Luftballon an deinen Haaren. Dadurch lädst du ihn elektrisch auf und er zieht feine Papierschnipsel und sogar einen Wasserstrahl an.

◖ ◍ Die Elektronen verleihen dir magische Kräfte.

Wissenswert!

Der unangenehme Schlag beim Aussteigen aus dem Auto

Manchmal bekommt man nach dem Aussteigen aus dem Auto einen Schlag, wenn man den Türgriff anfasst, um die Tür zuzumachen. Das passiert, weil sich das Auto beim Fahren durch die Reibung an der Luft auflädt. Lass einfach während des Aussteigens eine Hand oben auf der Tür. Dann bist du genauso geladen wie das Auto und bekommst keinen Schlag, wenn du den Türgriff berührst.

Im Windkanal kann man gut sehen, wie die Luft an einem fahrenden Auto „reibt".

Mit einem solchen Antistatikband ist man beim Computerreparieren auf der sicheren Seite.

Schon gewusst?

Empfindliche Computer

Die statischen Aufladungen bei „elektrischem Wetter" sind für uns zwar nicht gefährlich, aber sie können die elektronischen Bauteile von Computern zerstören. Deswegen gibt es für Leute, die Computer reparieren, Erdungsarmbänder, die mit der Heizung oder der Wasserleitung verbunden werden. Wenn man an seinem Computer herumbastelt und kein solches Erdungsarmband trägt, sollte man sicherheitshalber wenigstens immer an die Heizung oder einen Wasserhahn fassen, bevor man die Bauteile im Inneren anfasst.

Kreislaufgeschichten

Die Elektronen möchten immer vom Minuspol zum Pluspol gelangen. Das kann man ausnutzen und sie auf diesem Weg arbeiten lassen.

Ein Stromkreis

Wenn man für die Elektronen einen Weg vom Minuspol einer Spannungsquelle – etwa einer Batterie – zum Eingang eines elektrischen Verbrauchers – zum Beispiel einer Glühlampe oder eines Elektromotors – und von dessen Ausgang zurück zum Pluspol der Spannungsquelle baut, hat man einen Stromkreis.

Die Elektronen sind so wild darauf, vom Minus- zum Pluspol zu kommen, dass man sie in einem solchen Stromkreis unterwegs sogar arbeiten lassen kann. Die verschiedenen Methoden, die Elektronen zum Arbeiten zu bringen, nennt man Elektrotechnik. Elektrische Beleuchtungen, Elektromotoren und elektrische Heizungen sind Geräte, mit denen die Elektrotechniker die elektrischen Männchen, also die Elektronen, dazu bringen, etwas für uns zu tun.

🎧 Die Elektronen sind fleißige Arbeiter, die unter anderem unsere Glühlampen zum Leuchten bringen.

Wissenswert!

Ein Schaltplan

Wenn Elektrotechniker aufzeichnen wollen, wie eine Schaltung aussieht, machen sie einen Schaltplan, wie du ihn hier siehst: Alle Teile sind durch einfache Symbole dargestellt, die sich schnell und leicht zeichnen lassen.

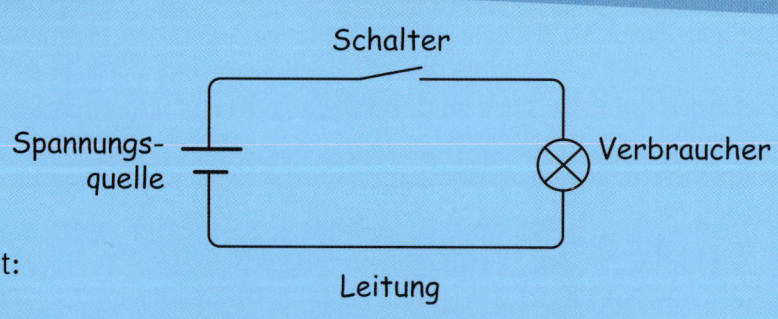

🎧 Auf diese Weise lässt sich mithilfe eines Schaltplans ein Stromkreis einfach darstellen.

Mein Experiment:

Wir bauen einen Stromkreis

Du brauchst eine Taschenlampenbatterie, am besten eine 4,5-Volt-Flachbatterie, zwei isolierte Drähte und ein kleines Taschenlampenbirnchen samt Fassung. Damit kannst du einen Stromkreis bauen.

Mach die Enden deiner Drähte blank, und zwar an jedem Ende so weit, dass du sie um die Kontaktfedern der Batterie wickeln kannst. Das jeweils andere Ende befestigst du an den beiden Kontakten deiner Glühbirnenfassung. Jetzt brennt dein Glühbirnchen, weil der Stromkreis geschlossen ist.

Wenn du willst, kannst du auch einen Schalter in eine deiner Leitungen einbauen und kannst dann dein Glühbirnchen ein- und ausschalten.

○ Du brauchst nicht viel, um die Elektronen durch den Stromkreis zu jagen.

↻ Unglaublich, aber wahr: Man kann auch mithilfe einer Zitrone die Glühbirne zum Leuchten bringen!

Aufgepasst!

Wenn du mit elektrischem Strom experimentierst, ist es nur dann ungefährlich, wenn du als Spannungsquelle eine Batterie nimmst, denn die hat eine ganz geringe Spannung. Lass aber auf jeden Fall die Finger von der Steckdose, denn die Spannung des Stromnetzes ist lebensgefährlich!

Anstrengende Rundwanderung: der Stromkreis

Nachdem wir nun einen Stromkreis gebaut haben und gesehen haben, dass er funktioniert, können wir uns ein paar Gedanken darüber machen, was in einem solchen Stromkreis vor sich geht.

Was zu einem Stromkreis gehört

Bei deinem Experiment mit dem Glühbirnchen hast du bereits gesehen, was alles zu einem Stromkreis gehört: eine Spannungsquelle, eine Leitung zum Verbraucher, ein Verbraucher, eine Leitung vom Verbraucher zurück und am besten auch noch ein Schalter. Dann können die Elektronen vom Minuspol der Spannungsquelle zum Verbraucher gelangen, dort arbeiten und über die andere Leitung wieder zurück zum Pluspol marschieren.

🎧 Ein Leben ohne Strom wäre unvorstellbar, oder?

Mit der Spannung fängt es an

Damit in einem Stromkreis Strom fließt, muss zuallererst Spannung da sein. Die Höhe dieser Spannung – sie wird in Volt (V) gemessen – ist eine der Größen, die mit darüber entscheidet, wie viel die Elektronen in unserem Stromkreis arbeiten. Du erinnerst dich: Die Spannung ist ein Maß dafür, wie wild die Elektronen darauf sind, vom Minus- zum Pluspol der Spannungsquelle zu kommen.

🎧 Die Spannung macht's!

Der Widerstand

Jeder Stromkreis setzt den Elektronen einen gewissen Widerstand entgegen. Er will sie daran hindern, von Minus nach Plus zu laufen. Der größte Teil des Widerstandes steckt im Verbraucher, also in unserem Fall im Glühbirnchen. Auch die Leitungen haben einen gewissen Widerstand, aber der ist so gering, dass man ihn meist gar nicht berücksichtigen muss. Er muss auch klein sein, denn die Elektronen sollen ja nicht in den Leitungen arbeiten, sondern im Verbraucher.

⮑ Der Verbraucher setzt den Elektronen Widerstand entgegen.

Schon gewusst?

Den elektrischen Widerstand misst man übrigens in Ohm (Ω). Diese Einheit ist nach dem deutschen Physiker Georg Simon Ohm (1789–1854) benannt.

Schon gewusst?

Man kann es auch ausrechnen

Wenn man die Spannung und den Widerstand kennt, kann man die Stromstärke sogar ausrechnen. Du musst dazu lediglich die Spannung durch den Widerstand teilen:

$$\frac{\text{Spannung in Volt}}{\text{Widerstand in Ohm}} = \text{Stromstärke in Ampere}$$

Die Stromstärke

Stell dir den Stromkreis einfach als einen Rundwanderweg vor, auf dem eine Volkswanderung stattfindet. Den elektrischen Widerstand kannst du dir dann als Schwierigkeitsgrad des Weges vorstellen, der entweder glatt und eben oder holperig und mit vielen Steigungen sein kann. Je beschwerlicher der Weg ist, umso weniger Leute werden an der Wanderung teilnehmen und unterwegs zu sehen sein.

Jetzt kann es aber auch sein, dass es bei einer solchen Volkswanderung tolle Preise zu gewinnen gibt. Oder es gibt eine Menge interessanter Sachen unterwegs zu sehen. Dann würden trotz des beschwerlichen Weges doch wieder mehr Leute zu dieser Wanderung aufbrechen. Die Spannung in einem Stromkreis kannst du dir wie diesen Anreiz vorstellen, sich auf den Weg zu machen.

🎧 Die Spannung sorgt für eine Massenwanderung der Elektronen.

Und ganz logisch: Wenn die Spannung – also der Anreiz zum Mitwandern – höher ist, dann sind trotz eines großen Widerstandes – also obwohl der Weg beschwerlich ist – mehr Elektronen auf dem Rundwanderweg des Stromkreises unterwegs. Die Stromstärke ist nun ein Maß dafür, ob viel oder wenig Elektronen im Stromkreis unterwegs sind. Man misst sie in Ampere (A). Die Einheit Ampere ist nach dem französischen Physiker André-Marie Ampère (1775–1836) benannt.

Eine hohe Spannung (gemessen in Volt) sorgt also für eine große Stromstärke (gemessen in Ampere) – weil die Elektronen große Lust haben, durch die Drähte und den Verbraucher zu marschieren. Ein großer Widerstand (gemessen in Ohm) dagegen bremst die Marschierlust der Elektronen und sorgt dafür, dass die Stromstärke kleiner wird.

Oben gibt's ein Eis!

🎧 Die Spannung lässt das Elektron über den Widerstand hinwegsehen.

Schon gewusst?

So viele elektrische Männchen!

Wenn in einer elektrischen Leitung ein Strom der Stärke 1 A fließt, bedeutet das, dass in jeder Sekunde 6.241.509.629.152.650.000 (das sind über sechs Trillionen) elektrische Männchen durch den Draht marschieren. Das sind etwa eine Milliarde Mal so viel, wie es Menschen auf der Welt gibt!

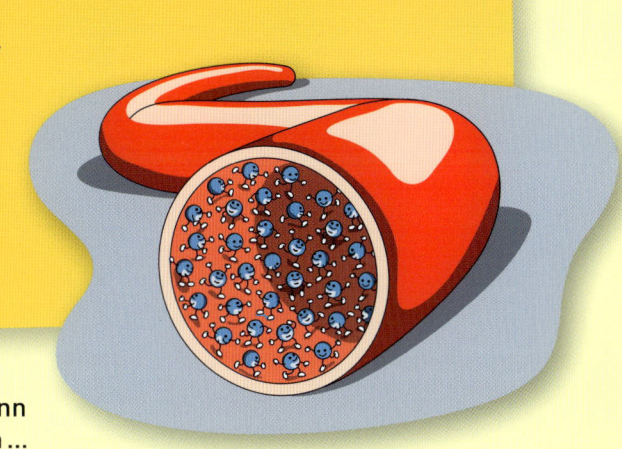

⮕ In so einem Stromkabel kann es ganz schön eng zugehen ...

Wissenswert!

Oh, ein Kurzschluss!

Wenn Plus- und Minuspol einer Spannungsquelle verbunden werden, gibt das auch einen Stromkreis, aber einen mit einem ganz kleinen Widerstand. Das nennt man Kurzschluss. Es kann passieren, wenn an einer Stromleitung oder einem Elektrogerät etwas kaputtgeht. Dann rennen so viele elektrische Männchen durch den Draht, dass Wärme entsteht und sogar etwas durchbrennen kann. Im Stromnetz sind deswegen Sicherungen eingebaut, die in einem solchen Fall sofort den Strom abstellen.

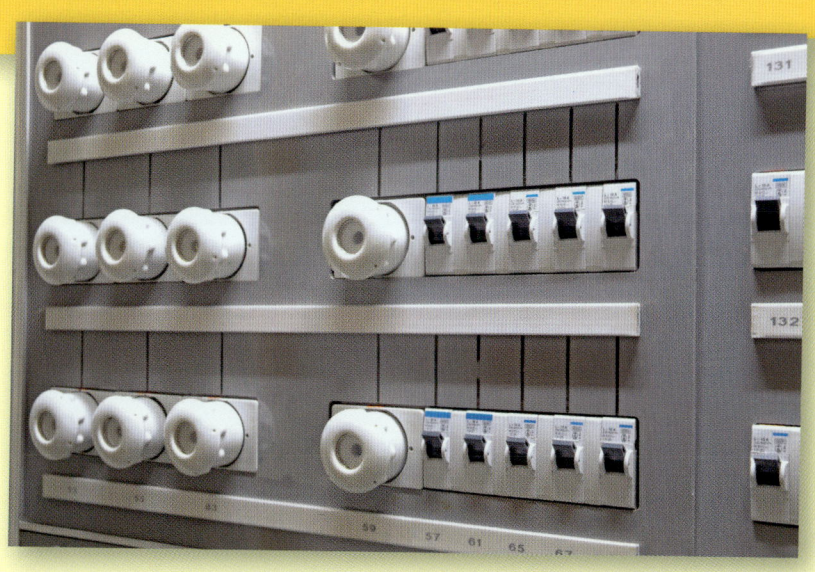

⮕ Den Sicherungskasten kennst du bestimmt von zu Hause. Und das Sprichwort „Da brennt dir die Sicherung durch" lässt sich so ebenfalls erklären.

Alessandro Volta

Die Einheit der elektrischen Spannung heißt Volt und ist nach dem italienischen Naturforscher Alessandro Volta (1745–1827) benannt, der vor allem viel und gerne experimentierte. Alessandro Volta stammte aus Como, das in Italien an der Grenze zur Schweiz und am Comer See liegt. Seine Familie war wohlhabend und der junge Alessandro sollte eigentlich Jurist werden.
Tatsächlich interessierte er sich aber für die Elektrizität und las alles, was er zu diesem Thema in die Finger bekommen konnte. Er hatte sogar als junger Mann schon Briefwechsel mit führenden Gelehrten der damaligen Zeit.

↻ Gut für die Naturwissenschaft, dass sich Alessandro Volta lieber mit der Elektrizität auseinandersetzte

Volta und die elektrische Spannung

Dass die Einheit der elektrischen Spannung, das Volt, nach Alessandro Volta benannt ist, hat seinen Grund: Er war es nämlich, der als Erster feststellte, dass man die „Kraft" der elektrischen Männchen messen kann, und er nannte sie Spannung.

Alessandro Volta wird bekannt

1769, also mit 24 Jahren, veröffentlichte Alessandro seine erste wissenschaftliche Arbeit, in der er bereits auch Kritisches über damals maßgebliche wissenschaftliche Ansichten schrieb. 1775 erfand er den Elektrophor. Das ist ein Gerät, mit dem elektrische Ladungen getrennt werden können. Dies war besonders für wissenschaftliche Experimente mit statischer Elektrizität wichtig. Durch diese Erfindung wurde Volta in Fachkreisen bekannt.

🔊 Selbst der große Napoleon zeigte sich von der Voltaischen Säule beeindruckt.

Herr Volta erzeugt elektrischen Strom

Bis zur Zeit Voltas hatte man für elektrische Experimente nur statische Elektrizität zur Verfügung. Alessandro Volta erfand jedoch das, was wir heute als elektrische Batterie bezeichnen: die Volta-Säule.
In einer Volta-Säule sind zwei verschiedene Metalle in einer Säure. Die Metalle reagieren über die Säure chemisch miteinander und erzeugen dabei elektrischen Strom. Damit hatte man nun erstmals eine richtige Stromquelle, mit der man elektrische Ströme eine Weile fließen lassen konnte. Jetzt wurde es möglich, so richtig mit der Elektrizität zu experimentieren.

Auch heute noch …

… funktionieren elektrische Batterien nach einem ähnlichen Prinzip wie die Volta-Säule. Schon lange gibt es auch solche, bei denen man den chemischen Vorgang umkehren kann, indem man Strom hindurchschickt. Das sind die Akkus, die Batterien, die man wieder aufladen kann.

↻ Das Denkmal in Como zeigt Alessandro Volta mit der Voltaischen Säule.

Haste mal 'n Kilo Watt für mich?

Wir haben den elektrischen Strom, damit er für uns arbeitet: Er treibt Motoren an, sorgt für Licht, bewirkt, dass Fernseher, Telefon und Computer arbeiten. Es gibt unzählige Stromverbraucher in Fabriken, Geschäften, Häusern und Wohnungen – und überall arbeitet der Strom für uns und erledigt seine vielen Aufgaben: Die Elektronen sind also ganz schön fleißig.

⌒ In unzähligen Situationen arbeitet der Strom für uns.

Kann man Arbeit messen?

Wenn ein Bauarbeiter Kies schaufelt oder du Rechenaufgaben löst, kann man hinterher sehen, ob viel geschaufelt worden ist und ob viele Aufgaben gemacht sind. Kann man aber auch messen oder ausrechnen, wie viel die Elektronen schaffen?

Stromverbraucher können viel oder wenig Strom verbrauchen: Ein Fernsehgerät etwa verbraucht ziemlich viel Strom, eine kleine Digitaluhr nur wenig. Wenn der Fernseher läuft, kann man zuschauen, wie der Stromzähler rennt. Wenn nur die Uhr läuft, bewegt er sich kaum. Der Stromzähler misst tatsächlich, wie viel die Elektronen arbeiten.

⌒ Oft ist die Arbeit, die verrichtet wird, sichtbar. Doch wie kann man die Arbeit der Elektronen messen?

⌒ Auf der Stromrechnung kannst du ablesen, wie viel die Elektronen bei dir zu Hause arbeiten müssen.

Viele Schwache können genauso viel wie ein paar Starke

Wenn die Elektronen viel Lust haben, vom Minus- zum Pluspol zu wandern, ist die Spannung hoch. Bei einer hohen Spannung ist jedes Elektron kräftig und kann viel arbeiten. Bei einer niedrigen Spannung können die einzelnen Elektronen nur wenig arbeiten.

Wenn man nur eine kleine Spannung zur Verfügung hat, muss man viele Elektronen durch den Verbraucher schicken, wenn man eine bestimmte Arbeit verrichtet haben möchte. Wenn man mit einer höheren Spannung arbeiten kann, genügen weniger.

Wissenswert!

Unterschiedliche Kabel – warum?

Ein Staubsaugermotor hat etwa die gleiche Leistung wie der Anlasser eines kleineren Autos. Deswegen sind diese beiden verschiedenen Elektromotoren auch ähnlich groß. Lass dir einmal den Anlasser in eurem Auto zeigen und vor allem die Kabel, die ihn mit der Batterie und dem Fahrgestell verbinden: Die sind viel, viel dicker als die Drähte im Anschlusskabel eures Staubsaugers.

Des Rätsels Lösung: Die Autobatterie hat nur 12 V, das Stromnetz 230 V. Um gleich viel Leistung zu bekommen, müssen beim Autoanlasser fast zwanzig Mal so viele Elektronen ran wie beim Staubsauger.

↻ Autoanlasser:
12 V · 80 A = ca. 1000 W

↻ Staubsauger:
230 V · 4 A = ca. 1000 W

Mein Experiment:

Das Schokoladen-Watt

Hänge eine Schnur aus dem Fenster im ersten Stock und lass unten jemanden eine 100-Gramm-Tafel Schokolade daran binden. Wenn du die Schokoladentafel nun so hochziehst, dass sie in jeder Sekunde einen Meter höher kommt, leistest du etwa ein Watt.

Die elektrische Arbeit

Bei einer bestimmten Stromstärke und einer bestimmten Spannung wirkt also eine ganz bestimmte elektrische Leistung. Wenn diese Leistung nun eine bestimmte Zeit wirkt, wird eine bestimmte Arbeit verrichtet. Stell dir einen Kran vor, der eine Last immer höher hebt. Je länger das geht, desto mehr Arbeit wird verrichtet; und der Elektromotor des Krans verbraucht umso mehr Strom. Die Arbeit, welche die Elektronen verrichtet haben, steckt dann in der Last, die der Kran gehoben hat. Theoretisch könnte man die Last beim Herunterlassen ja wie ein Uhrgewicht arbeiten lassen und damit etwas antreiben, also wieder Arbeit verrichten.

Um die Arbeit zu berechnen, nimmt man die Leistung mit der Zeit mal:

Leistung in Watt (W) · Zeit in Sekunden (s) = Arbeit in Wattsekunden (Ws)

Die elektrische Leistung

Um die elektrische Leistung auszurechnen, muss man die Spannung (in Volt) mit der Stromstärke (in Ampere) malnehmen. Das ergibt dann die Leistung in Watt:

Spannung in Volt (V) · Stromstärke in Ampere (A) = Leistung in Watt (W)

Der Stromzähler

Um die Last am Kran zu heben, muss ein bestimmter Strom mit einer bestimmten Spannung eine bestimmte Zeit lang fließen. Wenn man nun die elektrischen Männchen, also die Elektronen, zählt, die beim Heben durch die Kabel des Krans rennen müssen, und ihre Stärke kennt, weiß man, wie groß die Leistung ist, welche die elektrischen Männchen haben. Der Stromzähler bei dir zu Hause misst, wie viel Leistung für wie lange die Haushaltsgeräte verbrauchen. So weiß das E-Werk hinterher, wie viele Kilowattstunden elektrische Arbeit ihr verbraucht habt.

➲ Der Stromzähler misst die elektrische Arbeit, die die Elektronen verrichten.

Wissenswert!

Die Kilowattstunde

Statt in Wattsekunden misst man die Arbeit meist in Kilowattstunden: Wenn ein Kilowatt (kW), das sind 1000 Watt, eine Stunde lang wirkt, wird eine Kilowattstunde (kWh) Arbeit verrichtet.

Die elektrischen Männchen kommen ins Schwitzen

Wenn du tüchtig marschierst oder arbeitest, wird dir warm. Genauso geht es auch den Elektronen. Immer dann, wenn sie durch einen elektrischen Leiter fließen, wird dieser warm.

↻ Da Kupfer ein guter Leiter ist, können die Elektronen gut durch ihn hindurchfließen.

Gute und schlechte Leiter

Wie warm der Leiter wird, hängt davon ab, ob es sich um einen guten oder schlechten Leiter handelt, und auch davon, wie dick der Draht ist: Ein schlechter Leiter bewirkt, dass sich die Elektronen plagen müssen, und genauso ist es bei einem zu dünnen Draht. Daher braucht man dicke Kabel aus einem guten Leiter – zum Beispiel aus Kupfer –, wenn viel Strom fließen muss, wie etwa beim Autoanlasser.

↥ In einem schlechten Leiter oder dünnem Draht kommt das Elektron ins Schwitzen.

Die ärgerliche Wärme

Wenn die Elektronen viel Wärme erzeugen, können sie natürlich weniger arbeiten. Meist kann man die Wärme sogar spüren, wenn man ein eingeschaltetes Elektrogerät anfasst. Dummerweise muss man den Teil des elektrischen Stroms, der sich ungewollt in Wärme verwandelt, genauso bezahlen wie den, der die gewünschte Arbeit verrichtet – zum Beispiel den Kuchenteig rührt.

Deswegen versucht man, elektrische Geräte, vor allem so große wie Waschmaschinen, so zu bauen, dass sie möglichst wenig Strom in Wärme und möglichst viel Strom in die gewünschte Arbeit umsetzen.

↪ Dein Computer muss sogar durch einen Lüfter gekühlt werden, da sonst die Gefahr besteht, dass er kaputtgeht.

Mein Experiment:

Stahl kann brennen!

Führe dieses Experiment nur durch, wenn deine Eltern dir dabei helfen!

Lege ein Knäuel Stahlwolle auf eine nicht brennbare Unterlage, zum Beispiel auf eine alte Untertasse. Berühre es nun mit beiden Kontakten einer 9-V-Blockbatterie, sodass Strom hindurchfließen kann. Die Stahlwolle fängt an zu glühen und verbrennt. Das kommt daher, dass sie durch den elektrischen Strom stark erwärmt wird.

Schon gewusst?

Teures Heizen

Eigentlich sollte man elektrischen Strom nicht zum Heizen nehmen. Weil man mit ihm Motoren, Radios und Computer betreiben kann, ist er zu schade, um nur Wärme daraus zu machen. Die kann man nämlich auch aus Brennstoffen wie Holz, Kohle oder Gas erzeugen.

⟲ Die Stahlwolle entzündet sich, da sie aus einem dünnen Draht besteht und Stahl ein schlechter Leiter ist.

Erwünschte Wärme

Man kann die Wärmewirkung des elektrischen Stroms auch nutzen: zum Beispiel in den Heizdrähten des Toasters, die das Toastbrot braun werden lassen. Oder sogar in elektrischen Heizgeräten, mit denen man das Zimmer heizen kann.

⟳ Die Wärmewirkung des elektrischen Stroms ist keineswegs immer unerwünscht.

Mag(net)ische Anziehungskräfte

🎧 Einen solchen Magneten kennst du sicherlich aus deinem Alltag.

Einen Magneten hast du sicher schon einmal gesehen. Es ist nichts anderes als ein Stück Metall, das aber komischerweise andere Metalle anzieht. Mit Magneten kann man vielerlei lustige, aber auch nützliche Dinge machen: Schranktüren zuhalten, Einkaufszettel an den Kühlschrank heften oder auch ein Angelspiel basteln.

Warum ist ein Magnet magnetisch?

Metalle, die sich magnetisieren lassen, enthalten lauter winzig kleine Magneten. Man nennt sie Elementarmagneten. In einem Magneten sind sie alle in die gleiche Richtung ausgerichtet und wirken zusammen. In einem ganz normalen Stück Eisen zum Beispiel liegen diese kleinen Elementarmagneten wirr durcheinander, sodass sich ihre Magnetkräfte gegenseitig aufheben. Das Eisen ist dann von selbst noch nicht magnetisch. Es wird aber von Magneten angezogen und ist so lange magnetisch, wie der Magnet in der Nähe ist. Das kommt davon, dass der Magnet die Elementarmagnete in dem gewöhnlichen Stück Eisen ausrichtet. Dann zeigen alle Nord- und alle Südpole in die gleiche Richtung und das Eisen ist selbst auch ein Magnet.

Nimmt man den Magneten wieder fort, purzeln alle Elementarmagneten wieder durcheinander und das gewöhnliche Eisen ist nicht mehr magnetisch. Lässt man den Magneten aber länger bei dem Eisen, gewöhnen sich die Elementarmagneten an ihre neue, geordnete Lage. Dann bleibt das Stück Eisen auch magnetisch, wenn man den Magneten fortnimmt.

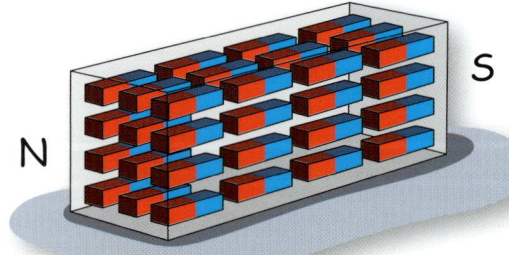

🔄 🎧 In einem Magneten sind die Elementarmagneten alle in die gleiche Richtung ausgerichtet.

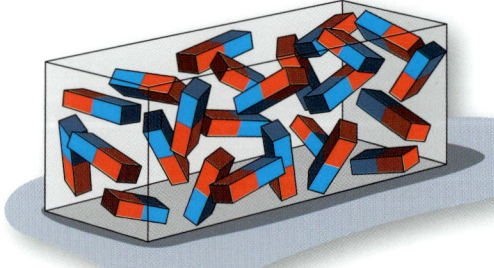

Gegensätze ziehen sich an

Ein Magnet hat immer einen Nord- und einen Südpol. Das ist auch der Grund, warum sich zwei Magnete einmal abstoßen und ein andermal anziehen, je nachdem, wie man sie hält: Hältst du den Nordpol des einen Magneten an den Südpol des anderen Magneten, ziehen sich die beiden an. Hältst du Nordpol an Nordpol oder Südpol an Südpol, stoßen sie sich ab.

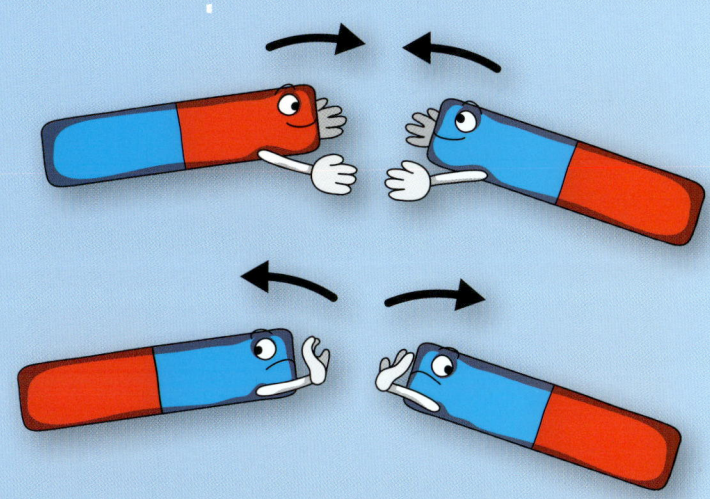

🎧 Gleiche Pole stoßen sich ab, unterschiedliche Pole ziehen sich an.

Wissenswert!

Nicht jedes Eisen bleibt magnetisch

Reines Eisen lässt sich leicht magnetisieren, wird aber gleich wieder unmagnetisch, wenn man den Magneten fortnimmt. Stahl, das ist Eisen mit einer gewissen Menge Kohlenstoff, ist schwerer zu magnetisieren, bleibt aber magnetisch, wenn der Magnet eine Weile in der Nähe war.

Mein Experiment:

Ein Angelspiel

Wenn du einen Magneten hast, kannst du dir ein lustiges Angelspiel bauen. Binde den Magneten mit einer ausreichend langen Schnur an einen Stock – dann hast du schon deine Angel. Die Fische schneidest du aus Papier oder Karton aus und klemmst jeweils am Kopf eine Büroklammer an. Als Angelteich nimmst du eine große Schachtel oder einfach den Fußboden.

🔄 Dieser Angel kann kein Papierfisch widerstehen.

Mein Experiment:

Bau dir einen Kompass

Aus einer kräftigen Stopfnadel, einem Weinkorken und einem Schälchen mit Wasser kannst du dir deinen eigenen Kompass bauen. Die Stopfnadel ist aus Stahl und lässt sich daher gut magnetisieren. Das geht sehr schnell, wenn du mit einem Magneten immer wieder der Länge nach über die Nadel streichst. Wenn die Nadel schön magnetisch ist, steckst du sie längs durch den Flaschenkorken –

so wie das auf dem Bild zu sehen ist. Wenn du jetzt den Korken auf dem Wasser schwimmen lässt, wird sich die Nadel in Nord-Süd-Richtung ausrichten. Nun brauchst du dir nur noch zu merken, welche Seite der Nadel nach Norden zeigt. Noch ein Tipp: Falls sich der Korken nicht so recht drehen will, gibst du einfach einen Tropfen Spülmittel in das Wasser.

↑ So steckst du die Nadel durch den Korken.

↑ Das brauchst du, um dir deinen eigenen Kompass zu bauen.

↻ Mit diesem Kompass führt der Weg immer in die richtige Richtung.

Die Erde, ein großer Magnet

Das Innere unserer Erde besteht zu einem großen Teil aus Eisen, das sogar magnetisch ist. Daher möchte sich jeder Magnet am liebsten in Nord-Süd-Richtung ausrichten. Aus diesem Grund nennt man den Teil des Magneten, der nach Norden möchte, Nordpol und den anderen Südpol.

Eine Kompassnadel ist nun nichts anderes als ein langer, dünner Magnet, den man leicht drehbar aufgehängt hat. Daher kann sie sich immer in Nord-Süd-Richtung ausrichten und uns diese zeigen.

⮑ Ein Kompass kann dir sagen, wo es langgeht.

↻ Die Erde ist magnetisch und hat einen Nord- und einen Südpol.

Schon gewusst?

Der Nordpol ist eigentlich ein Südpol

Vorhin haben wir festgestellt, dass magnetische Nordpole immer von magnetischen Südpolen angezogen werden und umgekehrt. Nun zeigt aber komischerweise der Nordpol der Kompassnadel zum Nordpol der Erde! Tatsächlich ist der Nordpol der Erde also ein magnetischer Südpol. Vermutlich hat das irgendwann einmal jemand nicht bedacht und als man es merkte, war es schon zu spät, um das noch einmal zu ändern.

↻ Tatsächlich ist der Nordpol der Erde aber ein magnetischer Südpol.

Ein nettes Pärchen: Herr Magnetismus und Fräulein Elektrizität

Im Kapitel über die statische Elektrizität hast du bereits erfahren, dass unterschiedliche Ladungen sich anziehen wie der Nord- und Südpol eines Magneten. Die Elektronen werden aber auch durch magnetische Felder beeinflusst und erzeugen sogar selbst welche!

Strom und Magnetfeld

Wenn durch einen Draht ein elektrischer Strom fließt, bildet sich um ihn herum ein ringförmiges Magnetfeld, so wie du das in dem Bild hier siehst. Wickelt man den Draht nun auf, wie es in dem nächsten Bild dargestellt ist, verschmelzen die runden Feldlinien um den Draht so, dass daraus ein „richtiges" Magnetfeld mit Nord- und Südpol wird.

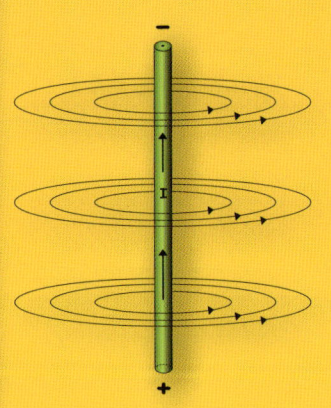

↻ Um einen stromdurchflossenen Draht bildet sich ein ringförmiges Magnetfeld.

Ein Magnet, den man abschalten kann

Einen solchen aufgewickelten Draht nennt man Spule. Wenn der Strom eingeschaltet ist, verhält sich so eine Spule wie ein normaler Magnet. Steckt man in eine solche Spule einen Kern aus Eisen, wird das Magnetfeld noch ordentlich verstärkt und man erhält einen noch stärkeren Elektromagneten. Der ist magnetisch, wenn der Strom fließt, und nicht magnetisch, wenn der Strom abgeschaltet ist. Man hat also einen Magneten, den man ein- und ausschalten kann!

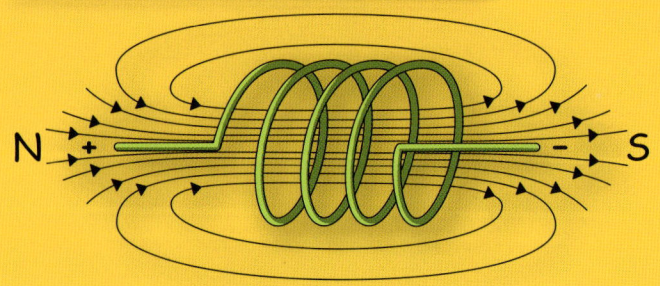

↻ Die Feldlinien werden um eine Spule zu einem Magnetfeld mit Nord- und Südpol.

Schon gewusst?

Nützliche Elektromagneten

Man kann Elektromagneten so groß und stark bauen, dass man sie an einem Kran befestigen und damit schwere Eisenteile hochheben kann. Der Kern eines solchen Magneten muss aber aus Eisen ohne Kohlenstoff sein und nicht aus Stahl. Wie du ja weißt, behält Stahl seinen Magnetismus gerne auch dann, wenn das Magnetfeld wieder weg ist. In diesem Fall würde der Kranführer furchtbar schimpfen, weil das Eisen nicht mehr vom Magneten abgeht!

↻ Dieser Kran hebt die Last mithilfe eines Elektromagneten.

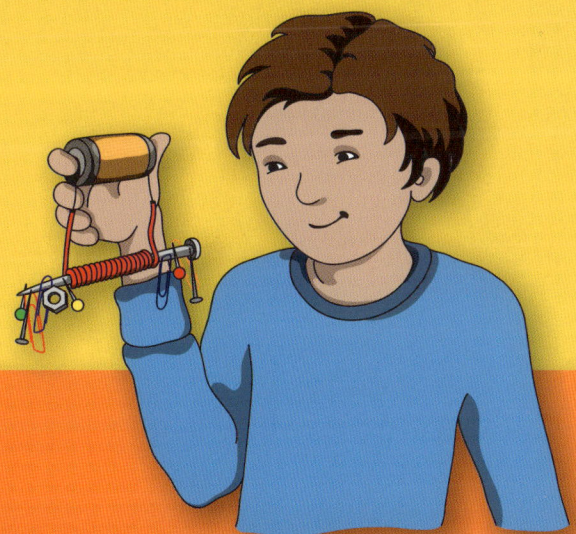

⮕ Ob du wohl mit deinem Elektromagneten deinen Eltern das Geld aus der Tasche ziehen kannst?

Mein Experiment:

Ein selbst gebauter Elektromagnet

Nimm ein langes Stück isolierten Draht, am besten vier Meter oder noch länger, und wickle es möglichst gleichmäßig um eine passende Schraube oder einen dicken Nagel. Die Enden machst du blank und schließt sie an eine Taschenlampenbatterie an. Wenn jetzt Strom durch den Draht fließt, zieht dein Elektromagnet kleine Eisenteile wie Büroklammern an. Du kannst ihn auch in die Nähe deines Stopfnadelkompasses bringen und sehen, wie er die Kompassnadel bewegt!

Auf Trab gebracht

Die Spannung, das weißt du bereits, ist das Bestreben der Elektronen, vom Pluspol zum Minuspol zu kommen. An einem Minuspol herrscht Elektronenüberschuss. Stell dir einfach vor, dass dort zu viele elektrische Männchen sind. Am Pluspol herrscht Elektronenmangel, dort musst du dir keine oder nur sehr wenige elektrische Männchen vorstellen.

➲ Am Minuspol herrscht großes Gedränge. Deshalb ist es nur zu gut verständlich, dass alle Elektronen zum Pluspol streben.

Weil die elektrischen Männchen sich nun gegenseitig nicht leiden können, wollen sie immer von ihren Kollegen weg, dahin, wo es nur wenige von ihnen gibt – eben weg vom Minus- hin zum Pluspol. Und genau das ist die Spannung.

↺ Die erste Batterie hat Alessandro Volta erfunden und sie war noch etwas unhandlicher als die Exemplare, die wir so kennen.

Die Batterie – eine Spannungsquelle

Für elektrische Spannung kannst du mit einer Batterie sorgen, genauso wie du das bei deinem Experiment mit dem Stromkreis und dem Lämpchen gemacht hast. In einer Batterie läuft ein chemischer Vorgang ab, bei dem Elektronen erzeugt werden, die dann für den Verbraucher zur Verfügung stehen. Irgendwann sind die Stoffe in der Batterie verbraucht und dann ist sie leer.

🎧 Die Batterie bringt die Elektronen in Schwung, indem sie für Spannung sorgt.

Wissenswert!

Der Akku

Es gibt auch Batterien, die man wieder aufladen kann und die man Akkus nennt. Sie sind so gemacht, dass der chemische Vorgang, der normalerweise den Strom erzeugt, rückwärtsläuft, wenn man mit dem Ladegerät Strom hindurchfließen lässt, anstatt welchen zu entnehmen. Wenn so ein Akku leer ist, kann man ihn daher wieder aufladen.

➲ Der Akku kann jederzeit frische Energie tanken.

Noch eine Spannungsquelle: der Dynamo oder Generator

Wie du bereits weißt, herrscht um einen Draht, durch den Strom fließt, ein Magnetfeld. Umgekehrt kann man aber auch mit einem Magnetfeld, das sich bewegt, die Elektronen in Bewegung setzen. In deinem Fahrraddynamo dreht sich ein Magnet zwischen Spulen und setzt die Elektronen in Bewegung. Die Lichtmaschine im Auto und die großen Generatoren im Kraftwerk funktionieren im Prinzip genauso.

↻ In deinem Fahrraddynamo lässt die Spannungsquelle die Elektronen ihre Arbeit verrichten.

Schon gewusst?

Strom aus Licht

Solarzellen bestehen aus einem Stoff, der Elektronen in Bewegung setzt, wenn Licht auf ihn scheint. Damit kann man aus Sonnenlicht Strom machen.

🎧 Die Sonne bringt die Elektronen in den Solarzellen zum Schwitzen.

Michael Faraday

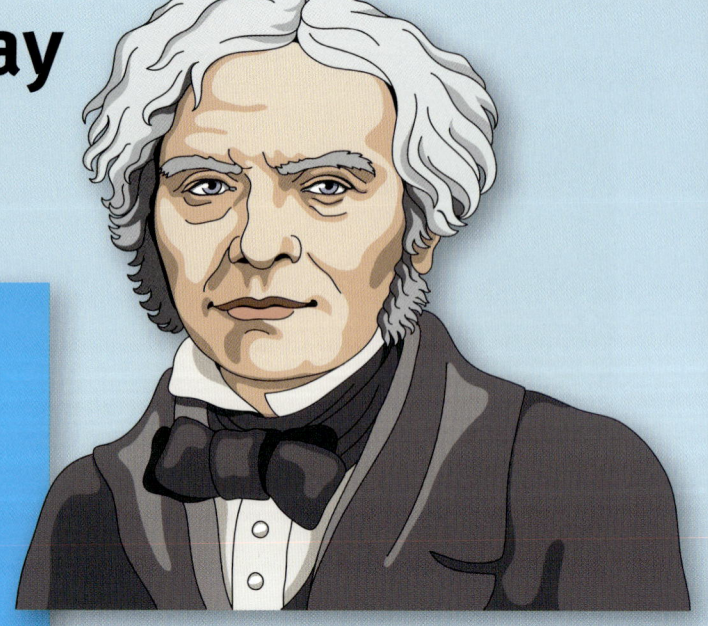

Michael Faraday (1791–1867) gilt als einer der bedeutendsten Experimentalphysiker. Er war nicht nur Physiker, sondern auch Chemiker. Unter anderem untersuchte er, was in einer Kerzenflamme vor sich geht.
Faraday stammte aus einfachen Verhältnissen und war von Beruf eigentlich Buchbinder. Weil er sich aber sehr für die Naturwissenschaften interessierte, nahm er eine Stelle als Laborgehilfe an der Royal Institution an und arbeitete sich bis zum Professor hoch.

Der Elektromotor

Eines der Spezialgebiete von Michael Faraday war alles, was mit Elektromagnetismus und Induktion zu tun hatte. Er schuf die Grundlagen für die weitere Erforschung dieses Gebiets und gehört damit zu den Vätern der modernen Elektrotechnik. Sowohl der Elektromotor als auch der Generator, mit dem man genug Strom für Elektromotoren herstellen kann, beruhen auf den Grundlagen, die er als Erster erforscht hat. Faraday baute sogar den ersten Elektromotor. Der war zwar noch zu schwach, um etwas anzutreiben, aber immerhin war damit das Prinzip gefunden und ein wichtiger Schritt getan.

↻ Im Buchladen von George Riebau machte Michael Faraday seine Buchbinderlehre und begann, sich für die Inhalte der naturwissenschaftlichen Bücher zu interessieren.

Michael Faraday fand heraus, dass eine allseitig geschlossene Hülle aus einem elektrischen Leiter, auch Faraday'scher Käfig genannt, als elektrische Abschirmung wirkt.

Faraday und die Volksbildung

Es war Michael Faraday auch sehr wichtig, dass ganz gewöhnliche Leute, vor allem auch junge, etwas über Wissenschaft und Technik erfuhren. Deswegen hielt er öffentliche Vorlesungen für jedermann. Dort erklärte er wissenschaftliche Erkenntnisse und technische Errungenschaften so, dass sie jeder verstehen konnte. Das mag sicher damit zu tun gehabt haben, dass er selbst aus ganz einfachen Verhältnissen stammte.

Faradays Burn-out

Vielleicht hast du ja schon einmal davon gehört, dass man eine Krankheit namens Burn-out bekommen kann, wenn man zu viel arbeitet: Man ist dann total erschöpft, kriegt nichts mehr richtig hin und hat alle möglichen Beschwerden. Michael Faraday ging es ebenfalls so, auch wenn es den Namen Burn-out für diesen Zustand damals noch gar nicht gab. 1840 gaben ihm deswegen seine Chefs an der Universität für längere Zeit Urlaub, damit er sich richtig erholen konnte. Das tat er dann auch: Unter anderem ging er mit seiner Frau, seinem Bruder und seiner Schwägerin zum Wandern in die Schweizer Alpen.

Regelmäßig hielt Faraday öffentliche Vorlesungen.

Die elektrischen Männchen haben den Dreh raus!

Bisher hast du gesehen, dass der elektrische Strom Wärme erzeugen und Lasten festhalten kann. Er kann aber auch für Bewegung sorgen und Dinge schwingen oder sich drehen lassen.

Der Elektromotor

Im Bild siehst du, wie ein ganz einfacher Elektromotor funktioniert: Er besteht aus einem Stator und einem Rotor. Der Stator, man sagt auch Ständer dazu, ist ein Magnet und steht fest. Der Rotor ist ein Elektromagnet und heißt so, weil er rotiert. Manche sagen zum Rotor auch Läufer, weil er läuft.

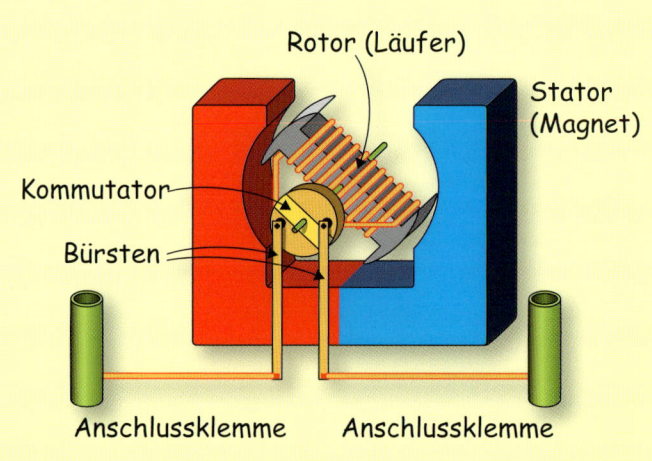

Wenn nun Strom durch den Rotor fließt, wird er magnetisch und bekommt oben einen Nordpol und unten einen Südpol. Weil sich gleiche Pole abstoßen, will dieser Nordpol zum Südpol des Stators und der Rotor dreht sich. Dabei dreht sich aber auch der Kommutator (man sagt auch Stromwender dazu) und lässt den Strom auf einmal andersherum fließen.

Dadurch vertauschen sich die Pole und der Nordpol ist jetzt ein Südpol, dem es beim Südpol des Stators nicht gefällt. Weil er Schwung hat, saust er aber nicht zurück, sondern einfach weiter, wieder zum Nordpol. Dabei dreht der Kommutator jedoch den Strom und damit das Magnetfeld schon wieder um und der Rotor saust weiter.

◖ ◗ Die große Bedeutung der Elektromotoren spiegelt sich im Energieverbrauch: Über die Hälfte des Stroms fließt in Deutschland in Elektromotoren.

Wissenswert!

Vorwärts und rückwärts

Ob und in welche Richtung so ein ganz einfacher Gleichstrommotor anläuft, hängt davon ab, wie der Rotor steht, wenn du den Strom einschaltest. Manchmal musst du ihn daher mit der Hand anschubsen. Elektromotoren für den praktischen Gebrauch sind etwas komplizierter und laufen von selbst an.

Die Türklingel

Auch in der Türklingel steckt ein Elektromagnet: Wenn du auf den Klingelknopf drückst, fließt Strom durch ihn und er zieht den Anker an, der gegen die Glocke schlägt: „Bing!" Dabei wird aber auch die Kontaktfeder vom Kontaktstift weggezogen und der Strom unterbrochen. Jetzt schnappt der Anker zurück, schließt dadurch aber auch wieder den Stromkreis, der Anker wird erneut angezogen und es macht wieder „Bing!". Das Ganze geht so schnell, dass aus den vielen „Bing!" ein „Drrrrrriiiing!" wird.

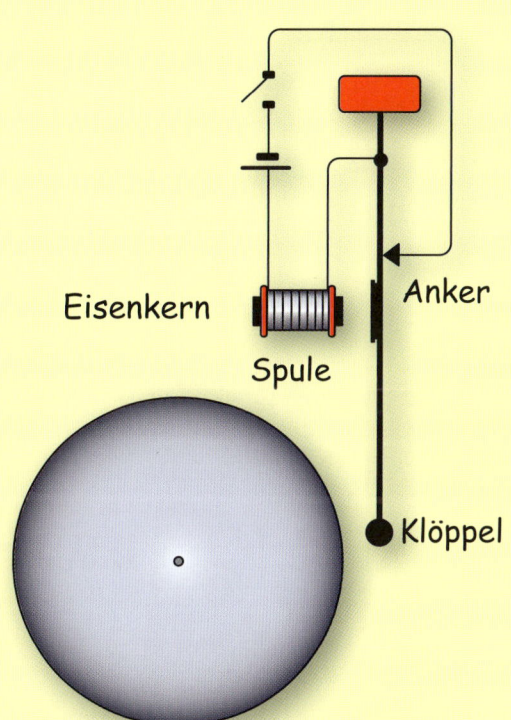

Eisenkern
Spule
Anker
Klöppel

Schon gewusst?

Der Wagner'sche Hammer

Der Mechanismus der Türklingel heißt auch Wagner'scher Hammer. Er wurde von Johann Philipp Wagner (1799–1879) erfunden.

⮑ Ganz so funktioniert es zwar nicht, aber letztendlich sorgen die Elektronen doch dafür, dass die Klingel bei dir zu Hause läutet.

Eine gewichtige Sache: Masse und Gewicht

Manche Sachen sind schwer, manche leicht. Entscheidend für das Gewicht eines Gegenstandes ist seine Masse. Das Gewicht hängt aber auch von der Schwerkraft ab.

Wie schwer ist das?

Stell dir vor, du fliegst zum Mond und nimmst dir als Proviant 100 g Salami mit. Unterwegs in der Schwerelosigkeit des Weltraums würde die Salami gar nichts mehr wiegen. Auf dem Mond würde sie zwar wieder etwas wiegen, aber bedeutend weniger als auf der Erde.

Trotzdem würdest du von der Salami sowohl auf dem Mond als auch im Weltraum genauso satt werden wie auf der Erde. Das liegt daran, dass es immer gleich viel Salami ist, auch wenn sie im Weltall gar nichts und auf dem Mond viel weniger wiegt als auf der Erde. Die Masse deiner Salami ist immer gleich groß, nur ihr Gewicht ist unterschiedlich: Das Gewicht ist ortsabhängig, die Masse nicht.

🎧 In der Schwerelosigkeit wiegt der Astronaut fast nichts mehr. Der Grund, warum er schwebt, ist aber ein anderer: Die Anziehungskräfte der Himmelskörper sind außer Kraft gesetzt.

🎧 Obwohl die Salami auf dem Mond fast nichts wiegt, würde sie dich dort genauso satt machen, denn die Masse bleibt überall gleich.

↻ Wie viel Kraft musst du wohl aufwenden, um die Salami auf der Erde zu halten, und wie sähe das vermutlich auf dem Mond aus?

Mein Experiment:

Dinge wiegen

Nimm einige unterschiedliche Gegenstände in deine Hand und fühle ihr Gewicht. Dann lege sie auf eine Küchenwaage und wiege sie. Die Küchenwaage zeigt dir zwar die Masse in Gramm oder Kilogramm an, was sie wirklich misst, ist aber das Gewicht, genauer gesagt, die Gewichtskraft. In der Waage ist nämlich eine Feder, die genau wie deine Hand beim Halten von unten mit einer bestimmten Kraft gegen das Gewicht drückt. Aus der Größe der nötigen Kraft schließt man auf die Masse des gewogenen Gegenstandes. Das ist eigentlich nicht ganz richtig. Das macht aber nichts, weil man die Küchenwaage ja immer auf der Erde und damit bei der gleichen Schwerkraft benutzt. Eine Balkenwaage stimmt immer, weil die zugehörigen Gewichte eigentlich auch Massen sind und man also Masse mit Masse vergleicht.

Das Gewicht ist eine Kraft

Weil das Gewicht eine Kraft ist, misst man es in der Einheit der Kraft, in Newton, abgekürzt N. Ein Newton ist ungefähr die Kraft, mit der ein Gegenstand von 100 g Masse deine Hand nach unten drücken will, wenn du ihn darin hältst.

↻ 100 g Masse üben eine Gewichtskraft von 1 N aus.

Das Newton hat das Kilopond ersetzt

Früher wurde die Kraft tatsächlich über das Gewicht definiert: Ein Kilopond war die Gewichtskraft eines Körpers mit einem Kilogramm Masse, also die Kraft, mit der dieser von der Erde angezogen wurde.

Nun ist aber, wie du bereits gesehen hast, zwar die Masse ortsunabhängig, nicht aber das Gewicht: Die Salami wiegt auf dem Mond weniger als auf der Erde, macht aber genauso satt. Wenn man ganz genau hinsieht, ist auch auf der Erde die Schwerkraft nicht überall gleich. Die Unterschiede sind aber ganz gering und spielen für das tägliche Leben – z. B. für das Abwiegen von Kartoffeln – keine Rolle.

Wissenschaftler nehmen aber alles ganz genau und daher fanden die Physiker einen neuen Weg, die Einheit der Kraft zu definieren. Sie bestimmten die Kraft, die man benötigt, um einen Körper von einem Kilogramm Masse innerhalb einer Sekunde auf eine Geschwindigkeit von einem Meter pro Sekunde zu beschleunigen. Diese Kraft wurde dann als 1 Newton (N) definiert.

↺ Früher hätte ein Kunde dank der Balkenwaage auf dem Mond trotz geringeren Gewichtes genau die gleiche Anzahl Äpfel erhalten.

Schon gewusst?

Die Balkenwaage funktioniert auch auf dem Mond

Eine Federwaage würde bei unseren 100 g Salami auf dem Mond viel weniger anzeigen als 100 g. Mit einer Balkenwaage würde das Wiegen aber funktionieren: Das 100-g-Gewicht wäre auf dem Mond nämlich um genauso viel leichter wie die Wurst.

Wissenswert!

Eine unrichtige Angabe

Die früher übliche amtliche Angabe, dass ein Fahrzeug ein zulässiges Gesamtgewicht von z. B. 1800 kg hat, ist, wie du dir jetzt denken kannst, nicht ganz richtig. 1800 kg sind kein Gewicht, sondern eine Masse. Tatsächlich steht in Fahrzeugpapieren seit einiger Zeit auch „Gesamtmasse" und nicht mehr „Gesamtgewicht".

🎧 Natürlich beträgt die Masse des Autos 1800 kg, denn das Gewicht lautet 18.000 N.

Schon gewusst?

Federwaage und Balkenwaage

Hast du schon einmal eine Balkenwaage gesehen? Sie funktioniert wie eine Wippe: In der einen Schale liegt der Gegenstand, der gewogen werden soll. In die andere Schale legt man so lange Gewichte, bis die Waage im Gleichgewicht ist. Jetzt muss man nur noch die Angaben auf den Gewichten zusammenzählen und kennt dann das Gewicht – richtig wäre eigentlich: die Masse – des Gegenstandes in der anderen Waagschale. In den meisten Waagen ist heute aber eine Feder eingebaut, die vom Gewicht des gewogenen Gegenstandes zusammengedrückt oder auseinandergezogen wird. Je größer das Gewicht, umso weiter wird die Feder zusammengedrückt bzw. auseinandergezogen. Und diesen Wert kann man dann an der Skala in Gramm oder Kilogramm ablesen.

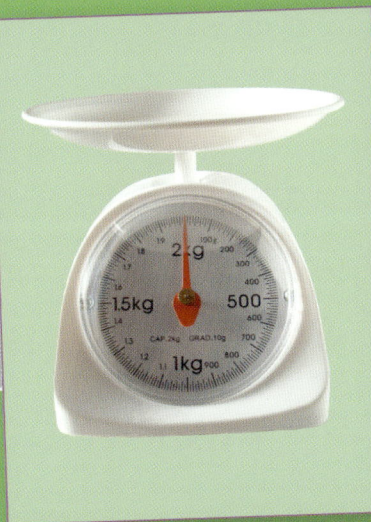

⬅ ➡ Während die Balkenwaage die Masse misst, rechnet die Federwaage die Gewichtskraft in Gramm und Kilogramm um.

Warum Dinge schwer sind

Wenn du etwas, das du in der Hand hältst, loslässt, fällt es herunter. Was genau passiert da? Und warum ist eigentlich unten unten?

↷ Vielleicht war das der Auslöser für Newtons Überlegungen.

↷ Hier ist definitiv oben unten. Angenehm leben lässt es sich in diesem Haus aber sicher nicht.

Die Massenanziehung

Solche Fragen stellte sich der Physiker Isaac Newton (1643–1727) schon als junger Mann. Er schrieb selbst, dass er darüber nachgedacht habe, warum ein Apfel vom Baum fällt. Ob das stimmt oder ob er sich diese Geschichte nur ausgedacht hat, um zu zeigen, wie man im Alltag physikalische Vorgänge beobachten kann, weiß man aber nicht so genau. Auf jeden Fall kam Isaac Newton darauf, dass der Apfel herunter-fällt, weil die Erde ihn anzieht. Als er sich diese Sache weiter überlegte, kam er darauf, dass Massen, also Stoffmengen sich anziehen. Wie groß diese Anziehungskraft zwischen zwei Massen ist, hängt davon ab, wie groß und wie weit voneinander entfernt die beiden Massen sind. „Unten" ist also immer da, wo die große Masse ist, die etwas anzieht – in unserem Falle ist das immer die Erde.

Schon gewusst?

Warum fallen die Äpfel nicht aufeinander zu?

Eine Anziehungskraft herrscht auch zwischen zwei Äpfeln am Baum. Weil die Erde aber viele, viele Male mehr Masse hat als die Äpfel, fallen diese nicht aufeinander zu, sondern eben auf die Erde. Draußen im Weltall, weit weg von irgendwelchen Planeten und ihrer Anziehung, würden sich die Äpfel tatsächlich aufeinander zubewegen, wenn man sie dort schweben ließe.

◑ Die Gewichtskraft G bewirkt die gegenseitige Anziehung von Massen. Da die Masse der Erde so groß ist, können Gegenstände letztendlich nur nach unten fallen.

Wissenswert!

Anziehungskraft zwischen Planeten

Himmelskörper wie die Erde oder andere Planeten üben ihre Anziehung nicht nur auf Gegenstände aus, die sich auf ihnen befinden, sondern auch auf andere Himmelskörper. Weil die Sonne die Erde anzieht, bleibt sie immer in ihrer Nähe. Und weil die Erde den Mond anzieht, bleibt uns der ebenfalls erhalten.

◑ Die Planeten Merkur, Mars und Venus verfügen über eine geringere Masse als unsere Erde.

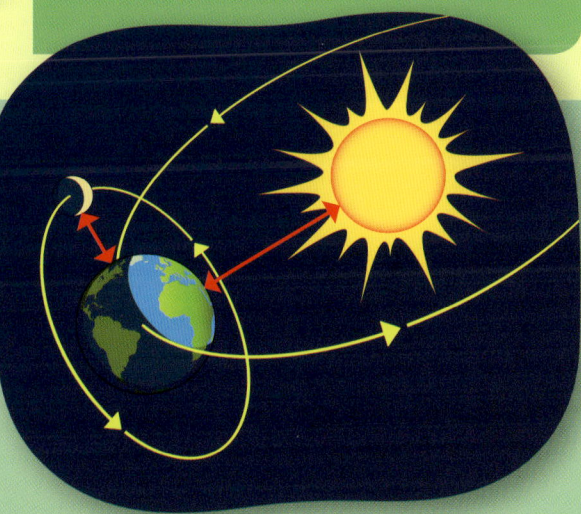

◑ Die Erde sorgt dafür, dass der Mond in seiner Umlaufbahn bleibt.

Masse und Gewicht

Auf jeden Körper hier auf der Erde wirkt die Erdanziehung, deswegen hat er ein Gewicht. Diese Erdanziehung wird auch Schwerkraft genannt. Auf einen Körper von 100 g Masse wirkt auf der Erde, wie du schon weißt, eine Gewichtskraft von etwa 1 N (Newton).

Diese Gewichtskraft hängt von der Masse des jeweiligen Körpers ab und von der Masse des Himmelskörpers, auf dem man sich befindet. Der Mond hat eine viel geringere Masse als die Erde, deswegen sind 100 g dort wesentlich weniger als 1 N schwer.

Isaac Newton

Ein ganz wichtiger Mann für die moderne Physik und vor allem auch für die Astronomie ist Sir Isaac Newton (1643–1727). Er stammte aus dem Landadel und arbeitete nicht nur als Naturforscher, sondern war auch Verwaltungsbeamter.

Newton und der Apfel

Es gibt eine nette Geschichte darüber, wie Isaac Newton hinter die Sache mit der Schwerkraft gekommen ist: Er soll sich Gedanken darüber gemacht haben, warum ein Apfel vom Baum fällt. Dabei ist er angeblich auf die Idee gekommen, dass die Kraft, die den Apfel zur Erde fallen lässt, ganz allgemein zwischen Massen und damit auch zwischen Himmelskörpern wirkt. Die Gravitationstheorie, die er aus dieser Überlegung entwickelte, begründete die Himmelsmechanik, also die Lehre davon, wie sich Himmelskörper umeinander bewegen.

Newton und der Regenbogen

Newton untersuchte auch die Lichtbrechung in Prismen. Dabei fand er heraus, dass weißes Licht aus verschiedenen Farben besteht, die als Mischung Weiß ergeben. Vorher hatte man zwar Prismen gekannt, aber geglaubt, diese würden dem weißen Licht die Farben hinzufügen. Mit seiner neuen Erkenntnis konnte Isaac Newton nun auch erklären, wie ein Regenbogen entsteht.

⮕ Isaac Newton besuchte zunächst das und lehrte später auch am Trinity College in Cambridge. Dort befindet sich angeblich der alles entscheidende Apfelbaum.

Newtons Spiegelteleskop

Wenn man sich mit Astronomie befasst, ist ein gutes Fernrohr eine tolle Sache. Daher baute sich Isaac Newton eines, und zwar ein Spiegelteleskop, bei dem die große Linse, das Objektiv des Fernrohrs, durch einen Hohlspiegel ersetzt wird. Ein solcher ist nämlich leichter anzufertigen als eine Linse und funktioniert genauso gut. Newton war zwar nicht der Erste, der ein Spiegelteleskop baute, aber er verbesserte es erheblich. Spiegelteleskope nach seiner Bauart werden auch heute noch benutzt, weil sie sich preisgünstig herstellen lassen und trotzdem recht gut sind.

Newton verbesserte das Spiegelteleskop erheblich. So erkannte er die Schwerkraft als Ursache der Planetenbewegungen.

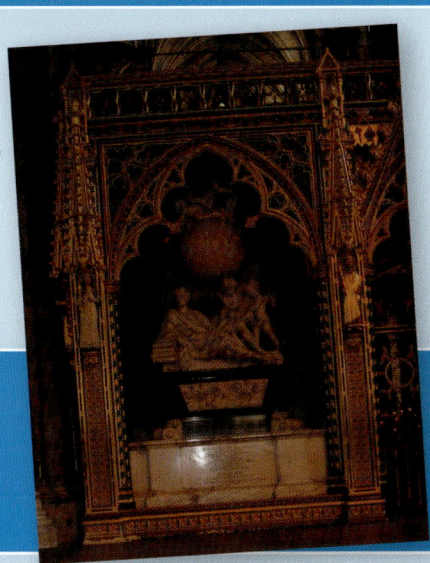

Newton und die Katze

Ob das wirklich stimmt, weiß man nicht: Isaac Newton soll die Katzenklappe erfunden haben, damit seine Katze ihn nicht immer bei optischen Versuchen in einem abgedunkelten Raum stören konnte.

Angeblich soll Newton die Katzenklappe erfunden haben, damit seine Katze den Raum betreten und verlassen konnte, ohne zu stören.

Der Mathematiker Newton

Neben der Physik war auch die Mathematik ein wichtiges Arbeitsgebiet Isaac Newtons. Er fand einiges von den Dingen heraus, die heute noch für jeden Mathematiker wichtig sind.

Die Inschrift auf Newtons Grab lautet: „Natur und der Natur Gesetz waren in Nacht gehüllt; / Gott sprach: Es werde Newton! Und das All ward lichterfüllt."

Im freien Fall

Die Gewichtskraft, die auf einen Körper wirkt – oder kurz: sein Gewicht –, ist die Ursache dafür, dass er herunterfällt.

Die Fallbeschleunigung

Die Erdanziehung bewirkt, dass der Stein ein Gewicht hat, also eine Kraft auf ihn wirkt, die ihn in Richtung Erde zieht. Deshalb wird er immer schneller.
Die Fallbeschleunigung lässt einen fallenden Körper in jeder Sekunde um etwa 10 Meter pro Sekunde (m/s) (genau sind es 9,81 m/s) schneller werden. Oder einfacher: Er fällt in der ersten Sekunde 5 m, in der zweiten 15 m, in der dritten 25 m und so weiter ...

🎧 Der Fallschirmspringer beschleunigt während seines Sprunges zunächst kontinuierlich, bis er eine gleichmäßige Geschwindigkeit erreicht. Wenn er den Fallschirm öffnet, kommt allerdings eine Zunahme des Luftwiderstands ins Spiel ...

Mein Experiment:

Dinge fallen lassen

Lass einen kleinen Stein aus deiner Hand fallen. Dann steige auf einen Stuhl und mache das Gleiche noch einmal. Wenn du genau aufpasst, merkst du vielleicht, dass der Stein eine Kleinigkeit länger braucht, bis er auf dem Boden ankommt. Auf jeden Fall merkst du das, wenn du ihn aus dem Fenster im ersten oder zweiten Stock oder gar von einem Turm fallen lässt. Pass aber bitte auf, dass der Stein niemandem auf den Kopf fällt. Je tiefer der Stein bis zum Boden zu fallen hat, desto länger braucht er. Aber er wird dabei auch immer schneller.

🎧 ⮌ Je tiefer der Stein fällt, desto länger braucht er und desto schneller wird er.

Der Luftwiderstand

Ein Wattebausch fällt lange nicht so schnell wie ein Stein. Auch der Stein fällt nicht ganz so schnell, wie er eigentlich sollte. Das liegt an der Luft, die fallende Körper bremst. Da ein Wattebausch im Verhältnis zu seinem Gewicht viel größer – oder im Verhältnis zu seiner Größe leichter – ist als ein Stein, bremst ihn die Luft stärker ab.

↻ Da der Wattebausch im Verhältnis zu seiner Größe leichter ist als der Stein, setzt sich ihm mehr Luftwiderstand entgegen und er fällt langsamer.

Schon gewusst?
. . . .

Wattebausch und Stein fallen im Vakuum gleich schnell

Im Vakuum, also im luftleeren Raum, fallen Stein und Wattebausch gleich schnell, da beide gleich stark von der Erdanziehung beschleunigt werden und keiner von beiden durch den Luftwiderstand gebremst wird.

Wissenswert!
. . . .

Es geht nicht beliebig schnell

In der Luft kann auch ein kleiner, schwerer Körper nicht beliebig schnell fallen, da der Luftwiderstand mit der Geschwindigkeit stark anwächst und irgendwann so groß ist wie das Gewicht des Körpers. Dann fällt der Körper ganz einfach mit einer gleichmäßigen Geschwindigkeit weiter.

↻ Im Vakuum wird der Luftwiderstand aufgehoben. Deshalb fallen Stein und Wattebausch gleich schnell zu Boden.

Faule Gewichte

Um einen schweren Wagen in Bewegung zu setzen, braucht man Kraft. Rollt der Wagen einmal, wird es leichter. Will man ihn dann abbremsen, muss man wiederum Kraft aufwenden. Das liegt an der Trägheit.

↻ Es ist kraftaufwendig, die Trägheit zu überwinden.

Die Trägheit

Die Trägheit will verhindern, dass sich ein ruhender Körper in Bewegung setzt oder einer, der sich bewegt, langsamer wird. Um die Trägheit zu überwinden, also einen Körper zu beschleunigen oder abzubremsen, musst du Kraft aufwenden.

Mein Experiment:

Beschleunigungskräfte messen

Mache ein Gummiband an einem Wägelchen, z. B. einem Spielzeuglastwagen, fest und stelle es auf eine glatte, ebene Unterlage. Wenn du an dem Gummi ziehst, um das Wägelchen in Bewegung zu setzen, ziehst du dabei das Gummi in die Länge.
Belade nun dein Wägelchen mit etwas Schwerem und beschleunige es wieder: Jetzt wird das Gummi noch deutlich mehr in die Länge gezogen, weil du eine größere Beschleunigungskraft aufwenden musst.

↻ Das Gummiband des beladenen Spielzeuglasters wird stärker gedehnt, da du eine größere Beschleunigungskraft aufwenden musst.

Kraft, Masse und Beschleunigung

Je größer die Masse, umso größer ist die Kraft, die man braucht, um sie zu beschleunigen. Und die benötigte Kraft wird natürlich auch größer, wenn man stärker beschleunigen will.

🎧 ⮕ Der Mann muss aufgrund der größeren Masse des Autos mehr Kraft aufwenden.

Schwere Massen im freien Fall

Um einen Körper, der die doppelte Masse hat, zu beschleunigen, brauchst du die doppelte Kraft. Und er hat auch das doppelte Gewicht. Wenn ein doppelt so schwerer Körper fällt, wirkt zwar die doppelte Kraft auf ihn, aber auch die doppelte Trägheit. Deswegen fällt ein schwerer Körper auch nicht schneller als ein leichter – außer natürlich, wenn er einen geringeren Luftwiderstand hat, d. h. im Verhältnis zu seiner Masse ein vergleichsweise geringes Volumen, wie zum Beispiel eine Bleikugel gegenüber einer Feder.

🔄 ⮕ Beide Gegenstände müssen pro Quadratzentimeter Luft 30 Trillionen Moleküle verdrängen. Da kannst du dir vorstellen, dass die kleinere Bleikugel „leichteres" Spiel hat.

Wissenswert!

Das Newton

Ein Körper mit einer bestimmten Masse hat zwar an Orten mit verschiedener Schwerkraft (etwa auf der Erde und auf dem Mond) unterschiedliche Gewichte, ist aber immer gleich träge. Deswegen legt man heute die Kraft über die Trägheit fest:

Ein Newton ist die Kraft, die man benötigt, um ein Kilogramm Masse so zu beschleunigen, dass es in jeder Sekunde um einen Meter pro Sekunde schneller wird. Früher hatte man das Kilopond, das war die Gewichtskraft von einem Kilogramm Masse.

Kraft und Gegenkraft

Zu jeder Kraft, die wirkt, gehört eine genau gleich große Gegenkraft. Das ist eine wichtige Grundregel der Mechanik, also von dem Teil der Physik, der sich mit Körpern, Kräften und Bewegungen befasst.

Gegenkräfte erzeugen

Halte einen schweren Gegenstand in der Hand. Dabei musst du auf ihn eine Kraft ausüben, die genauso groß ist wie sein Gewicht.

Mein Experiment:

Drücke gegen eine Wand. Die Wand drückt mit genau der gleichen Kraft gegen deine Hand, mit der du gegen sie drückst.

Wenn du aber gegen eine unverschlossene Tür drückst, geht sie auf. Weil sie beweglich ist, kann sie keine Gegenkraft erzeugen. Oder doch?

↻ Wenn du schwere Gegenstände in der Hand hältst, musst du eine Kraft ausüben, die genauso groß ist wie das Gewicht der Gegenstände.

Gegenkraft aus der Trägheit

Tatsächlich übt die Tür aus deinem Experiment beim Aufgehen auch eine Gegenkraft aus. Weil sie sich bewegen lässt, beschleunigst du sie. Dazu musst du ihre Trägheit überwinden und somit auch Kraft aufwenden.

➲ Um die Trägheit der Drehtür zu überwinden, musst du Kraft aufwenden.

Arbeit, Kraft und Weg

Wenn du ein Gewicht hochhebst, verrichtest du mechanische Arbeit. Wenn du es nur hältst, strengt dich das zwar auch an, aber du erledigst keine mechanische Arbeit. Arbeit wird immer dann verrichtet, wenn eine Kraft etwas bewegt.

Das wird verständlich, wenn du dir klarmachst, dass du keinen Berg mit dem Fahrrad erklimmen kannst, ohne in die Pedale zu treten. Du musst kräftig kurbeln. Dabei verrichtest du mechanische Arbeit. Sobald du bergab fährst, wird diese Energie wieder frei und du kommst ohne weitere Anstrengung im Tal unten an.

🎧 Immer wenn du ein Gewicht hochhebst, verrichtest du mechanische Arbeit.

🔄 Beim Bergauffahren leistest du mechanische Arbeit. Die dabei gewonnene Energie wird beim Bergabfahren wieder frei.

Das Joule: Einheit von Arbeit und Energie

Angenommen, das Fahrrad hat mit dir gemeinsam eine Masse von 40 kg und damit 400 N Gewicht. Wenn du einen Höhenmeter hinauffährst, hast du 400 Newtonmeter (400 Nm) oder 400 Joule (400 J) mechanische Arbeit verrichtet. Diese Arbeit ist dann in dir und deinem Fahrrad gespeichert und heißt jetzt Energie.

🔄 Wenn du den Berg hinauffährst, verrichtest du mechanische Arbeit. Pro 100 g, die du um einen Meter in die Höhe bringst, ist das 1 N · 1 m = 1 Nm = 1 J. Wenn du mit deinem Fahrrad also 40 kg wiegst, verrichtest du pro Höhenmeter 400 J.

Schon gewusst?

Gewicht: 400 N

1 Höhenmeter

Geteiltes Leid ist halbes Leid

🎧 Auch die Golden Gate Bridge muss von mehreren Auflagern getragen werden.

Wenn du dir eine Brücke anschaust, kannst du dir leicht vorstellen, dass die zwei Auflager an den beiden Enden das Gewicht der Brücke gemeinsam tragen. Kräfte – das Gewicht ist ja eine Kraft – lassen sich nämlich verteilen.

Der Schwerpunkt

Wenn du einen schweren Gegenstand zu tragen hast, wird das einfacher, wenn dir ein Freund oder eine Freundin dabei hilft und jeder an einem Ende anpackt. Wenn der Gegenstand nicht gleichmäßig dick ist, muss derjenige, der das dickere Ende erwischt hat, mehr tragen, z. B. bei einer Stange, die vom einen zum anderen Ende dicker wird.

Eine solche Stange ist auch nicht im Gleichgewicht, wenn man sie in der Mitte auflegt. Du kannst aber durch Probieren einen Punkt finden, auf dem die Stange im Gleichgewicht ist. Dieser Punkt liegt immer näher am dickeren Ende als am dünneren und heißt Schwerpunkt.

Wenn man die Stange zu zweit trägt, muss derjenige, der das dünnere Ende trägt, dieses so weit überstehen lassen, dass der Schwerpunkt genau in der Mitte zwischen ihm und dem anderen Träger ist. Dann ist das Gewicht wieder gleichmäßig auf die beiden verteilt.

↻ Wenn man das Gewicht gleichmäßig auf zwei Träger verteilen will, muss der Schwerpunkt genau zwischen den beiden liegen.

Schon gewusst?

Das tapfere Schneiderlein ...

... hat ausgenutzt, dass der Riese keine Ahnung von Physik hatte, und hat ihn das dicke Ende des Baums mit der Wurzel tragen lassen. Und dann hat er sich selbst noch auf das andere Ende gesetzt!

➲ Das tapfere Schneiderlein nutzt geschickt die Gesetze der Physik.

Ein Fachwerkhaus

Du hast sicher schon einmal ein Fachwerkhaus gesehen. In den Balken des Fachwerks wird das Gewicht des Hauses verteilt und zu den Fundamenten geleitet. Durch diesen Trick wird das Haus besonders stabil.

⮂ Die Balken sehen nicht nur schön aus, sie erfüllen auch eine wichtige Funktion.

Mein Experiment:

Kräfte im Fachwerk verteilen

Nagle drei Lattenstücke so zusammen, dass sie ein auf dem Kopf stehendes Y bilden. Wenn du diese Konstruktion auf eine Unterlage stellst und die gerade Strebe von oben belastest, wird die Kraft auf die zwei schrägen Balken verteilt. Dabei entstehen aber auch Seitenkräfte: Wenn du die drei Streben gelenkig miteinander verbunden hast, musst du die beiden Stützbalken auch gegen seitliches Wegrutschen sichern.

➲ Nun wird die Kraft wie im Fachwerk auf die zwei schrägen Balken verteilt.

Auf der schiefen Bahn

Das hast du sicher schon gesehen: Bauarbeiter müssen eine Baumaschine, zum Beispiel eine Walze, auf einen Anhänger laden. Dazu haben sie eine lange Rampe an den Anhänger gelegt und lassen die Maschine darüber auf die Pritsche fahren. Die Kraft, welche die Maschine benötigt, um hinaufzufahren, ist viel geringer als diejenige, die ein Kran brauchen würde, um die Maschine auf den Anhänger zu heben.

🎧 Bevor die Walze den Straßenbau erleichtern kann, muss sie zunächst zum Ort des Geschehens transportiert werden. Mit einer Rampe geht auch dieses Beladen eines Lkws leichter von der Hand.

Schräg geht's leichter!

Die Rampe der Bauarbeiter ist das, was man in der Physik eine schiefe Ebene nennt. Man zählt sie, wie zum Beispiel auch den Hebel, zu den sogenannten einfachen Maschinen. Nützlich ist sie auch, wenn es um eine Maschine geht, die nicht selbst fahren kann, weil sie kaputt ist: Um sie direkt auf den Anhänger zu heben, wäre sie zu schwer, aber mit der Rampe, der schiefen Ebene, geht es.

↻ Bereits die ägyptischen Pyramidenbauer nutzten vor ca. 4500 Jahren die schiefe Ebene, um die riesigen Steinquader nach oben zu ziehen.

Eine eigene schiefe Ebene

Wenn du ein passendes Brett hast, kannst du dir leicht eine schiefe Ebene bauen: Lege einfach an der einen Seite etwas unter und schon bist du fertig! Du kannst eine Murmel über deine schiefe Ebene rollen lassen oder du lässt ein Spielzeugauto hinunterfahren. Du kannst aber auch an dem Spielzeugauto vorne ein Gummiband festmachen und es daran die schiefe Ebene hinaufziehen. Das Gummiband wird dabei länger. Das zeigt dir, dass du eine bestimmte Kraft aufwendest, wenn du das Auto den Berg hinaufziehst. Lass anschließend das Auto einmal frei an dem

Mein Experiment:

Gummiband in der Luft hängen: Jetzt wird das Gummi deutlich mehr in die Länge gezogen als auf der schiefen Ebene. Wenn du nun noch die Schräge deiner schiefen Ebene veränderst, sie steiler und flacher machst, wirst du sehen, dass dein Gummiband umso mehr gedehnt wird, je steiler deine schiefe Ebene ist.

⮑ Je steiler der Weg, desto mehr Kraft muss aufgewendet werden.

Schon gewusst?

🎧 Mithilfe der schiefen Ebene ist es kein Problem, auch mit einem gebrochenen Bein in den Bus einzusteigen.

Die Goldene Regel der Mechanik

Wenn du genau hinsiehst, stellst du fest, dass der Weg über die schiefe Ebene immer größer ist als der Höhenunterschied. Je flacher deine Rampe ist, umso geringer ist die Kraft, aber umso größer ist auch der Weg. Das ist die Goldene Regel der Mechanik, die auch bei anderen einfachen Maschinen wie dem Hebel gilt: Was man an Kraft spart, muss man in den Weg stecken!

Die Reibung kann es einem schwer machen

🎧 Das funktioniert nicht nur im Film ganz gut.

Wenn du etwas über den Tisch schiebst, geht das nicht immer gleich schwer: Manche Gegenstände rutschen leicht, andere weniger leicht. Es kommt darauf an, woraus der jeweilige Gegenstand ist: Ein glattes Glas rutscht zum Beispiel deutlich leichter als eine gleich schwere Schachtel aus rauer Pappe. Etwas Widerstand ist aber immer da. Der kommt von der Reibung, die zwischen dem jeweiligen Gegenstand und der Tischplatte herrscht.

Die Reibpaarung

Es kommt bei der Reibung aber auch darauf an, woraus die Unterlage ist: Auf einer Tischplatte aus Glas rutschen die Sachen viel leichter als auf einer aus rauem Holz. Die Größe der Reibung hängt immer von der sogenannten Reibpaarung ab, also davon, welche beiden Oberflächen aufeinander reiben: Stahl auf Stahl, Holz auf Gummi, Stahl auf Gummi usw.

↻ Beim Eislaufen ist die Größe der Reibung eher gering ...

⇨ ... beim Klettern mit speziellen Gummischuhen schaut es aber schon ganz anders aus.

🎧 Das Phänomen der Gleitreibung ermöglicht es dir, beim Ziehen eines Schlittens relativ wenig Kraft aufzuwenden.

Mein Experiment:

Haftreibung und Gleitreibung

Du kannst auch etwas auf deine schiefe Ebene legen und dann die eine Seite ganz langsam hochheben, bis der Gegenstand anfängt zu rutschen. Wenn du geschickt bist, kannst du deine schiefe Ebene ein ganz klein wenig flacher stellen, sobald der Gegenstand rutscht, ohne dass er zu rutschen aufhört. Noch besser siehst du diesen Effekt, wenn du einen Gegenstand an einem Gummiband über den Tisch ziehst: Zunächst wird das Gummi länger und länger. Sowie der Gegenstand anfängt zu rutschen, wird das Gummi wieder kürzer und zeigt dir, dass die Kraft kleiner geworden ist. Das liegt daran, dass zwischen Gegenstand und Unterlage zunächst die Haftreibung wirkt. Sowie er aber rutscht, wirkt die Gleitreibung und die ist immer ein bisschen kleiner als die Haftreibung.

Die Reibung wird genauer untersucht

Versuche einmal, verschiedene Gegenstände über deine schiefe Ebene aus dem letzten Experiment rutschen zu lassen: Je rauer die Gegenstände sind, umso steiler muss sie sein.

Schon gewusst?

Erwünschte Reibung

Reibung ist meist unerwünscht, weil sie Kraft aufzehrt. Beim Autofahren jedoch bewirkt die Reibung zwischen Reifen und Asphalt, dass das Auto beschleunigen, bremsen und Kurven fahren kann.

🎧 Für mehr Reibung auf glatten Straßen sorgt der Winterdienst.

↻ Beim Autofahren ist die Reibung durchaus erwünscht, da sie die Beschleunigung des Autos, das Bremsen und das Kurvenfahren ermöglicht.

Eine schief gewickelte Ebene: die Schraube

Vielleicht hast du schon einmal einen Keil gesehen? Wenn nicht, kannst du dir auf diesem Bild einen ansehen. Man verwendet ihn zum Beispiel, wenn man Holz spaltet.

↻ Die Axt in Keilform verringert die Kraft, die beim Holzhacken benötigt wird.

Auch eine schiefe Ebene

Ein Keil funktioniert im Grunde nicht anders als eine schiefe Ebene: Wenn man ihn ein bestimmtes Stück mit einer bestimmten Kraft in das Holz drückt, drücken seine Schrägen das Holz auseinander, aber nur ein kleines Stück. Man hat also, wie bei der schiefen Ebene, einen größeren Weg und muss dafür nur eine kleinere Kraft aufwenden.

↻ Die Kraftwirkung des Keils „sprengt" das Holz.

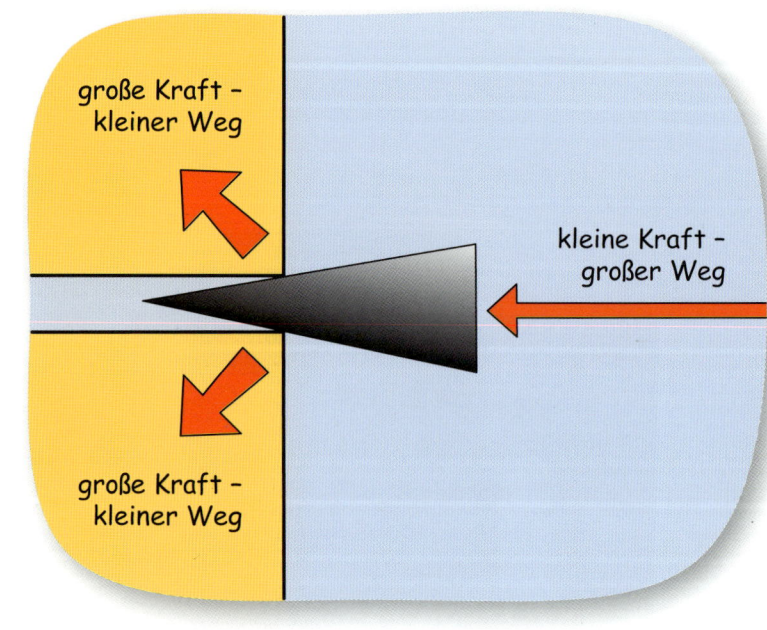

große Kraft – kleiner Weg

kleine Kraft – großer Weg

große Kraft – kleiner Weg

Wie funktioniert ein Gewinde?

Ein Gewinde, zum Beispiel an einer Schraube, ist nichts anderes als ein aufgewickelter Keil, eine aufgewickelte schiefe Ebene also. Weil die schiefe Ebene aufgewickelt ist, schiebt man nicht, sondern dreht.

⮑ Die Oberfläche der Schraube ist nichts anderes als eine aufgewickelte Ebene.

Mein Experiment:

Schraube und Schraubstock

Dreh einfach einmal eine Schraube in eine Mutter. Bei jeder Umdrehung, die du machst, wandert die Schraube nur ein kleines Stück weiter. Dafür brauchst du aber auch nicht allzu viel Kraft, um etwas ordentlich festzuschrauben. Wie bei der schiefen Ebene machst du einen großen Weg mit kleiner Kraft, um eine große Kraft zu erzeugen. Noch besser siehst du das bei einem Schraubstock. Wenn du zu Hause einen hast, kannst du einmal versuchen, ein Stück Holz oder Metall einzuspannen: Du brauchst dich dabei gar nicht besonders anzustrengen; und trotzdem sitzt dein Stück Holz oder Metall bombenfest zwischen den Backen!

Die Selbsthemmung

Bei einer normalen Schraube ist die Reibung größer als die Kraft, welche die Schraube zurückdrehen möchte. Man spricht in diesem Fall von Selbsthemmung. Ohne diese Selbsthemmung würde sich jede Schraube von selbst wieder aufdrehen.

Wenn es die Selbsthemmung nicht gäbe, könnte man auch keine Autos an Straßen parken, die nicht völlig eben sind. Aber dank der großen Reibung zwischen den Reifen eines stehenden Autos und der Straße lässt sich der Wagen auch an einem Berghang abstellen.

🎧 Ganz ohne dich anzustrengen, kannst du mit einem Schraubstock nahezu alles fest einspannen.

🎧 Zu steil darf es aber nicht werden: Irgendwann ist auch mit der größten Selbsthemmung Schluss!

Rollen erleichtern die Arbeit

Heute gibt es Kräne und andere Maschinen, um schwere Dinge zu bewegen und zu transportieren. Früher war das nicht der Fall und man musste sich plagen. Oder hatten die Leute damals irgendwelche Tricks, um schwere Lasten doch ein wenig leichter bewegen zu können?

⟲ Da muss es doch einen Trick geben!

Die Rollreibung ist die kleinste Reibung

Wenn etwas Eckiges auf deiner schiefen Ebene rutschen soll, muss sie recht steil sein. Wenn du aber eine Kugel hinunterrollen lässt, brauchst du fast keine Neigung. Beim Rollen ist die Reibung nämlich am geringsten. Die Rollreibung ist viel kleiner als Haft- und Gleitreibung. Deswegen legte man schon im Altertum Rollen unter schwere Lasten, um sie leichter bewegen zu können. Vermutlich haben so auch die Ägypter die großen, schweren Steine für ihre Pyramiden bewegt.

⟲ Wahrscheinlich bewegten bereits die alten Ägypter schwere Lasten mithilfe von Rollen.

Mein Experiment:

Wie die alten Ägypter ...

Den Transport schwerer Lasten im Altertum kannst du ganz einfach im Kleinen nachmachen: Wenn du ein schweres Buch auf den Tisch legst, brauchst du eine gewisse Kraft, wenn du es verschieben willst. Wenn du aber zwei runde Holzstäbchen (oder runde Blei- oder Buntstifte) darunterlegst, geht es ganz leicht. Wenn du drei oder mehr solcher „Unterlegrollen" verwendest, kannst du immer die letzte fortnehmen, wenn das Buch darüber hinweg ist, und sie vorne wieder anlegen.

Das Rad

Lasten auf Rollen zu bewegen, war zwar schon ein Fortschritt, aber recht umständlich, weil man immer die Rollen umlegen musste. Deswegen kam wohl irgendjemand irgendwann auf die Idee, eine schmale Rolle mit großem Durchmesser auf eine Achse zu setzen – und das Rad war erfunden!

🎧 Bereits in der Antike, hier in Ägypten, sorgte das Rad für eine unglaubliche Arbeitserleichterung.

Schon gewusst?

Das Kugellager

In der Nabe eines einfachen Rades herrscht immer noch Gleitreibung. Daher geht es auch recht schwer. Irgendwann kam man auf die Idee, zwischen Nabe und Achse Kugeln zu legen, um auch diese Gleitreibung durch Rollreibung zu ersetzen. So funktioniert im Prinzip ein Kugellager. Damit es aber auch wirklich funktioniert, braucht es noch einen sogenannten Käfig, der die Kugeln führt und immer rundherum verteilt hält. Sonst würdest du die Kugeln unterwegs verlieren.

🗘 Die Räder am Skateboard sind kugelgelagert, deshalb drehen sie sich so leicht.

➲ So sieht ein Kugellager innen aus.

85

Gewaltig wird des Schlossers Kraft ...: der Hebel

Wippen ist ganz einfach, wenn beide Partner gleich schwer sind. Wenn aber einer von beiden schwerer ist, muss man einen kleinen Trick anwenden: Der schwerere braucht sich dann nämlich nur näher in die Mitte an den Drehpunkt zu setzen und schon muss der leichtere Partner nicht mehr ganz oben „verhungern".

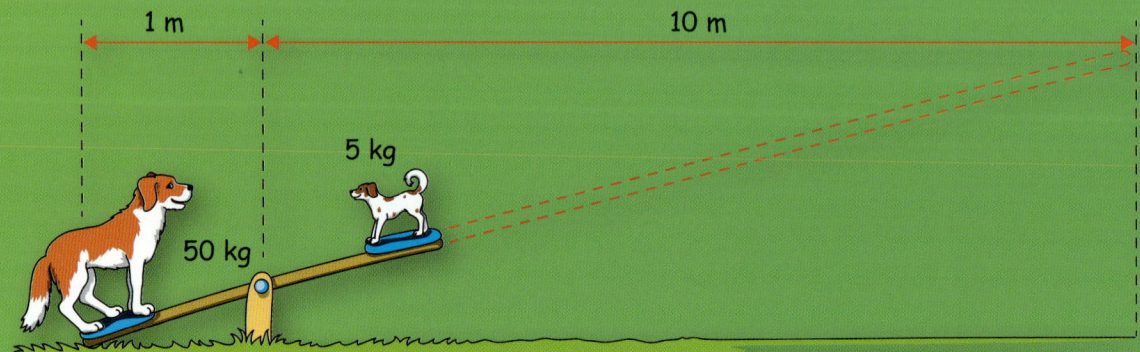

🎧 Ob die beiden wohl wippen können, wenn sich der große Hund näher an den Drehpunkt setzt? Wenn der große Hund 1 m vom Drehpunkt entfernt ist, müsste der kleine Hund 10 m entfernt sein, damit die Wippe im Gleichgewicht steht.

Das Hebelgesetz

Der Trick mit dem Wippen beruht auf dem Hebelgesetz: Der schwerere Partner hat eine hohe Gewichtskraft und einen kurzen Hebelarm. Der leichtere natürlich eine geringere Gewichtskraft, dafür aber einen längeren Hebelarm.
Hebel kommen auch anderswo vor: zum Beispiel bei dem Arbeiter mit dem Hammer auf dem Bild hier. Auch er kann mit einer kleinen Kraft am langen Hebelarm eine große Kraft am kurzen Ende erzeugen und so den Nagel ganz leicht aus dem Holz ziehen.

⟳ Eine kleine Kraft verwandelt sich dank des Hebels wie von Zauberhand in eine große Kraft.

Schon gewusst?

Weg und Kraft

Wenn du beim Wippen genau hinschaust, siehst du, dass der leichtere Partner einen längeren Weg zurücklegt. Auch hier gilt die Goldene Regel der Mechanik: Was man an Kraft spart, muss man in den Weg stecken.

Eine Wippe als Modell ...

... kannst du dir ganz leicht bauen: Lege ein Brettchen auf eine dreikantige Unterlage – ein Dreikantholz oder einen dreieckigen Bauklotz. Auf dem Brettchen markierst du die Mitte und zeichnest, wie bei einem Lineal, nach beiden Seiten die Zentimeter an. Du kannst aber auch gleich ein Lineal für deine Wippe nehmen. Ein 30 cm langes Lineal musst du dann bei 15 cm auflegen, damit es im Gleichgewicht ist.

Als Gewichte nimmst du lauter gleiche Münzen, zum Beispiel Zehn-Cent-Stücke. Wenn du nun beispielsweise zwei Münzen 5 cm von der Mitte entfernt auf deine Wippe legst und auf der andern Seite nur eine, musst du diese eine bei 10 cm hinlegen. Legst du drei Münzen bei 5 cm hin, musst du auf der anderen Seite 15 cm von der Mitte wegbleiben, wenn du nur eine Münze verwenden willst: Der Hebelarm muss immer um so viel mal länger sein, wie das Gewicht kleiner ist.

⟲ Der Hebelarm ist doppelt so lang, weil das Gewicht bei einer Münze nur halb so groß ist.

Andere Hebel

Ein Hebel muss nicht immer zwei gerade Arme haben: Er kann auch um die Ecke gehen, wie das bei der Sackkarre der Fall ist. Das ist dann ein Winkelhebel. Bei der Schubkarre greifen dagegen beide Kräfte auf der gleichen Seite an. Deswegen hat man hier einen einseitigen Hebel.

⟲ Die Sackkarre hat einen abgewinkelten Hebel.

⟳ Die Schubkarre hat hingegen einen geraden Hebel. Am wichtigsten ist jedoch, dass der Hebel lang genug ist. Denn je länger der Hebel ist, desto leichter kannst du damit schwere Gegenstände bewegen.

Archimedes von Syrakus

Von Hause aus ...

Es ist vielleicht kein Zufall, dass Archimedes Wissenschaftler wurde: Sein Vater Phidias war Astronom am Hof des Hieron von Syrakus. Syrakus ist eine Stadt auf Sizilien, die es heute noch gibt und die jetzt Siracusa heißt. Damals war sie ein griechischer Stadtstaat.

Wahrscheinlich wurde Archimedes dort geboren. Er kannte auch andere wichtige griechische Wissenschaftler und war mit König Hieron II. und dessen Sohn Gelon befreundet. Archimedes war also zu Lebzeiten kein verkanntes Genie, sondern ein hochgeachteter Gelehrter.

Den Namen Archimedes von Syrakus (ca. 287–212 v. Chr.), meist sagt man nur kurz „Archimedes", hast du sicher schon gehört. Meist denkt man bei ihm an die Archimedische Schraube, eine Vorrichtung zum Heben von Wasser, an das Hebelgesetz oder an das Archimedische Prinzip der Wasserverdrängung. Tatsächlich hat er noch viel mehr erfunden und ist unter anderem auch ein großer Mathematiker gewesen.

🎧 Die Heimatstadt Archimedes' war zum Zeitpunkt seiner Geburt ein griechischer Stadtstaat. Später wurde Syrakus jedoch ins Römische Reich eingegliedert, wobei Archimedes sein Leben ließ.

↻ Auch wenn er den Archimedischen Punkt nicht gefunden hat, soll er gesagt haben: „Gib mir einen Punkt, auf dem ich stehen kann, und ich werde dir die Welt aus den Angeln heben."

Archimedes in der Badewanne

Einmal wollte König Hieron II. wissen, ob seine Krone auch wirklich aus purem Gold sei. Er beauftragte Archimedes, sich dafür eine Prüfmethode auszudenken. Der nahm einen Goldbarren, der das Gleiche wog, und tauchte diesen in ein randvolles Gefäß mit Wasser. Dasselbe machte er mit der Krone und maß beide Male, wie viel Wasser überlief.

Man erzählt, dass ihm die Idee gekommen sei, als er in eine volle Badewanne stieg und diese überlief. Voller Freude soll er „Heureka!" (das heißt: „Ich hab's gefunden!") gerufen haben und nackt auf die Straße gerannt sein. Ob diese Geschichte stimmt, weiß man nicht, aber lustig ist sie doch allemal, oder?

🎧 Die Idee für seine Prüfmethode soll Archimedes in der Badewanne gekommen sein. Nach seinem Entdecker nennt man dieses Auftriebsprinzip Archimedisches Prinzip.

Wie Archimedes gestorben sein soll

Archimedes soll auch allerhand Kriegsmaschinen erfunden haben, mit denen er die Römer aufhielt, die Syrakus erobern wollten. Als sie es schließlich doch schafften, sollte ein römischer Soldat den berühmten Forscher lebend festnehmen. Der zeichnete gerade geometrische Figuren in den Sand und rief: „Störe meine Kreise nicht!" Da wurde der Soldat zornig und erschlug den armen Archimedes mit dem Schwert!

Auch von dieser Geschichte weiß man nicht, ob sie wirklich wahr ist, aber sie wird immer wieder gerne erzählt.

🎧 Archimedes soll mit Parabolspiegeln römische Kriegsschiffe in Brand gesetzt haben.

Rollen für Flaschen

Auch hier geht es wieder um Rollen, aber nicht um solche, die man unterlegt, sondern um solche, über die man Seile laufen lässt: um Seilrollen.

Die feste Rolle

Vielleicht hast du an alten Häusern schon einmal so einen Balken gesehen, der aus dem Giebel herausragt. Oft hat er einen Haken und manchmal hängt sogar noch eine Seilrolle daran. Man sieht so etwas vor allem bei ehemaligen Kaufmannshäusern, bei denen früher in den oberen Stockwerken Lagerräume untergebracht waren.

Diese Konstruktion diente natürlich dazu, dass man Waren in die oberen Stockwerke hinaufziehen und von dort herunterlassen konnte. Die Rolle, die man dazu verwendete, heißt feste Rolle, weil sie oben am Aufhängepunkt fest ist. Eine feste Rolle lenkt die Kraft lediglich um.

⮕ Zum Transport von schweren Waren in die Obergeschosse verwendete man in früheren Zeiten feste Seilrollen.

Die lose Rolle

Anders ist es bei der losen Rolle, die du hier rechts im Bild siehst: Wenn du dir das Bild genau anschaust, merkst du, dass die Last an zwei Seilstücken hängt. Deswegen verteilt sich ihr Gewicht gleichmäßig auf diese beiden Seilstücke. Da der Arbeiter aber nur eines der Seilstücke in der Hand hat, muss er nur die Kraft aufbringen, die auf dieses Seilstück entfällt – und das ist die Hälfte. Die lose Rolle halbiert also die Kraft!

⟲ ⮕ Mit der losen Rolle musst du nur die Hälfte der Kraft aufbringen, um dieselbe Masse zu heben.

Flaschenzüge

Ein Gerät aus einer losen und einer festen Rolle ist ein einfacher Flaschenzug. Mit ihm kann man Lasten leichter heben. Es gibt auch Flaschenzüge aus mehreren losen und festen Rollen. Sie machen das Heben noch leichter.

⮑ Rekonstruktion eines antiken römischen Krans mit Flaschenzug

⮑ Der Flaschenzug ist eine veraltete Technik? Ganz im Gegenteil! Auch die modernen Kräne kommen ohne sie nicht aus.

Schon gewusst?

Warum der Flaschenzug Flaschenzug heißt

Man könnte meinen, der Flaschenzug heißt Flaschenzug, weil auch Flaschen, also schwächliche Leute, damit schwere Dinge heben können. Das stimmt aber nicht. Tatsächlich heißen die beiden Halterungen der Rollen Ober- und Unterflasche und deswegen das ganze Gerät Flaschenzug.

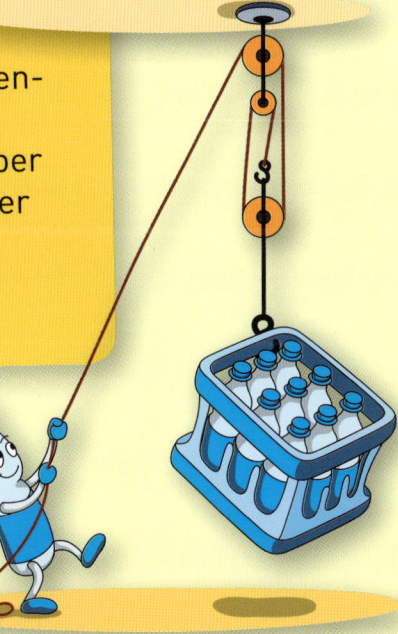

⮑ Auch wenn „Flaschen" mithilfe des Flaschenzuges schwere Dinge heben können, kommt sein Name von den Flaschen, die die Rollen beherbergen.

Wissenswert!

Kraft und Weg

Mit einem Flaschenzug spart man viel Kraft. Wenn er die Kraft halbiert, wird die Seillänge, die man herausziehen muss, aber doppelt so lang wie die Hubhöhe. Es gilt also auch hier die Goldene Regel der Mechanik: Was man an der Kraft spart, muss man in den Weg stecken.

Anstrengend: die Arbeit

Die meisten Menschen arbeiten, es sei denn, sie gehen noch in die Schule oder sind schon Rentner. Es gibt viele, viele Arten von Arbeit: Wenn du die Einkaufstasche in den oberen Stock trägst, empfindest du das als Arbeit. Aber auch wenn du als Hausaufgabe jede Menge Rechenaufgaben lösen oder Laub aufrechen musst, nennst du das „einen Haufen Arbeit".

↻ ↺ Üblicherweise versteht man unter Arbeit nicht nur die Arbeit, die man in Newton misst.

Schon gewusst?

Formelzeichen

In der Physik verwendet man sogenannte Formelzeichen, also bestimmte Buchstaben als Abkürzungen für die verwendeten Größen: zum Beispiel W für Arbeit, F für Kraft und s für Weg.

Die mechanische Arbeit

So schwierig es sein mag, ganz allgemein zu sagen, was Arbeit ist, ist das in der Physik ganz einfach. Mechanische Arbeit wird verrichtet, wenn man etwas gegen eine bestimmte Kraft eine bestimmte Strecke bewegt, zum Beispiel die Einkaufstasche in den ersten Stock trägt.

Wenn die Tasche 5 kg Masse hat und ihr Gewicht daher 50 N beträgt und der erste Stock 3 m über dem Erdgeschoss liegt, dann wird beim Hinauftragen eine Arbeit von 50 N · 3 m = 150 Nm verrichtet. Auf die Arbeit kommt man nämlich, wenn man den Weg mit der Kraft malnimmt: Arbeit = Kraft · Weg

$$W = F \cdot s$$

↻ Der Junge trägt 5 kg, also 50 N, einen Weg von 3 m hoch. Er verrichtet auf diese Weise 150 Nm Arbeit.

Die (Lage-)Energie

Wo steckt nun aber die Arbeit, wenn man die Tasche hinaufgetragen hat? Ganz einfach: Sie steckt als Lageenergie in der Tasche. Man könnte sie ja an einer Schnur wieder hinunterlassen und wie ein Uhrgewicht etwas antreiben – also Arbeit verrichten – lassen.

⮥ Die Arbeit von 150 Nm, die der Junge beim Hochtragen der Tasche verrichtet hat, wandelt sich in eine (Lage-)Energie von 150 Joule um.

150 Nm = 150 Joule

Energieumwandlung

Die heruntersinkende Tasche könnte beispielsweise einen Dynamo antreiben und ein Lämpchen brennen lassen. Dann würde elektrische Arbeit verrichtet und wir hätten Lageenergie in mechanische Arbeit und die wiederum in elektrische Arbeit verwandelt.

⮥ Wenn du mit deinem Fahrrad einen Dynamo antreibst, der dein Licht mit Energie speist, verwandelt dieser mechanische Arbeit in elektrische Arbeit.

Wissenswert!

Dieselben Einheiten

Früher gab es verschiedene Maßeinheiten für die verschiedenen Arten von Energie und Arbeit. Weil sie sich aber alle ineinander umwandeln lassen, misst man sie heute alle in der gleichen Einheit: Eine Wattsekunde (1 Ws) ist das Gleiche wie ein Newtonmeter (1 Nm) und ein Joule (1 J).

Schon gewusst?

Energie kann man nicht erzeugen

Energie kann immer nur umgewandelt werden. Das passiert in großem Stil in den verschiedenen Kraftwerken. Die Energiequellen – zum Beispiel Wind, Sonne oder Atomkraft – werden benötigt, um die darin bereits vorhandene Energie umzuwandeln und in neuer Form zur Verfügung zu stellen.

⮥ Erst in umgewandelter Form können wir die Energie, die schon im Wind steckt, nutzen.

Immer im Takt: das Pendel

Heute haben wir ja vor allem elektronische Uhren. Trotzdem hast du sicherlich schon einmal eine altmodische Pendeluhr gesehen.

Ein Taktgeber

Das Pendel einer Pendeluhr schwingt in einer Sekunde immer gleich oft. Die Anzahl der Schwingungen hängt davon ab, wie lang es ist. Bei jeder Schwingung bringt es ein Zahnrad, das von der Feder oder dem Uhrgewicht angetrieben wird, dazu, sich um einen Zahn weiterzudrehen. Dieses Zahnrad treibt über eine Übersetzung die Zeiger an, die also bei jedem Pendelschlag ein kleines Stückchen weiterrücken.

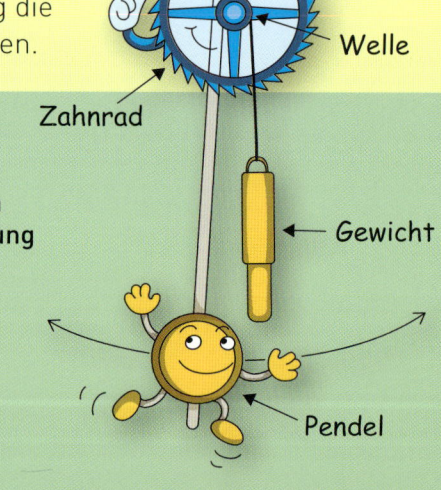

Anker

Welle

Zahnrad

Gewicht

Pendel

↻ Das Pendel bewirkt, dass sich das Zahnrad mit jedem Schwung einen Zahn weiterbewegt.

↺ Alles andere als taktlos: die Pendeluhr

↻ Pendel können auch als wissenschaftliches Instrument verwendet werden. So lässt sich zum Beispiel mit einem Foucault'schen Pendel die Erdrotation nachweisen.

Wissenswert!

Warum bleibt das Pendel stehen?

Gäbe es keine Reibung in der Aufhängung und in der Luft, würde unser Pendel immer weiterschwingen. Tatsächlich aber verwandelt die Reibung ständig ein klein wenig der Energie des Pendels in Wärme. Daher schwingt es immer kürzer und bleibt irgendwann stehen. In der Pendeluhr sorgt der Antrieb durch Feder oder Gewicht dafür, dass die Reibungsverluste ersetzt werden.

Mein Experiment:

Ein Sekundenpendel

Binde einen kleinen Gegenstand, einen Stein zum Beispiel, an eine Schnur. Dann hast du ein Pendel. Wenn du die Schnur so in die Hand nimmst, dass dieses Pendel genau einen Meter lang ist, schwingt es ziemlich genau einmal in der Sekunde.

Wenn du die Schwingungen zählst, kannst du die Zeit messen und etwa feststellen, wie lange jemand braucht, um eine bestimmte Strecke zu gehen. Du kannst mit deinem Sekundenpendel aber auch das Sekundenzählen – einundzwanzig, zweiundzwanzig, dreiundzwanzig ... – im richtigen Tempo einüben.

🎧 Wenn du dir aus einer einen Meter langen Schnur ein Pendel baust, schwingt es ziemlich genau einmal pro Sekunde.

Das Pendel und die Energie

Wenn du ein Pendel aus seiner Ruhelage bewegst, um es schwingen zu lassen, verrichtest du mechanische Arbeit: Wie du im Bild sehen kannst, hast du es gegen seine Gewichtskraft G um die Höhe h angehoben. Deswegen steckt jetzt Lageenergie darin. Lässt du das Pendel los, verwandelt sich die Lageenergie in kinetische Energie (Bewegungsenergie). Im tiefsten Punkt hat sich alle Lageenergie in kinetische Energie umgewandelt. Diese verrichtet nun die Arbeit, das Pendel auf der anderen Seite wieder hochzuheben. Wenn das Pendel nun nach der anderen Seite ganz ausgeschlagen hat, steckt wieder lauter Lageenergie darin und es geht von vorne los.

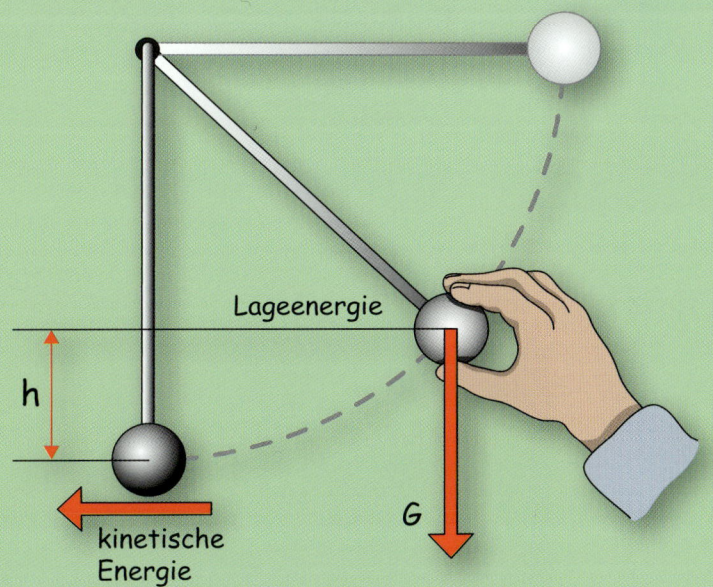

🎧 Lageenergie verwandelt sich in kinetische Energie und andersherum.

Unter Wasser

In Flüssigkeiten herrscht immer ein gewisser Druck, der vom Eigengewicht der Flüssigkeit kommt. Man nennt ihn den hydrostatischen Druck.

Beim Tauchen gibt's was auf die Ohren

Wenn du schwimmen kannst, kannst du beim nächsten Bade-ausflug den hydrostatischen Druck selbst ausprobieren: Tauche im tiefen Wasser ein, zwei, drei Meter tief. Jetzt kannst du den hydrostatischen Druck auf deine Ohren spüren! Wenn du eine echte Wasserratte bist, weißt du vielleicht auch schon, wie man diesen doofen Druck wieder loswird: Man muss sich die Nase zuhalten und kräftig Luft hineindrücken. Damit baut man von innen einen Gegendruck auf, der den hydrostatischen Druck ausgleicht.

🎧 Für den Druckausgleich muss kräftig Luft in die Nase gedrückt werden.

Woher kommt der hydrostatische Druck?

Wie du ja schon weißt, hat jeder Körper aufgrund seiner Masse und der Erdanziehung ein Gewicht. Mit diesem Gewicht drückt er auf die Unterlage, auf der er steht oder liegt. Daher drückt auch das Wasser im Schwimmbad mit seinem Gewicht auf den Beckenboden. Weil es aber flüssig ist, möchte es nicht nur nach unten, sondern auch nach den Seiten wegfließen und drückt zusätzlich gegen die Wände und alles, was im Wasser ist.

➲ Das Wasser drückt gegen die Seitenwände und den Untergrund.

Die Einheit des Drucks

Druck ist Kraft pro Fläche, daher misst man ihn in Newton pro Quadratmeter. Diese Einheit heißt Pascal.

$1 \, Pa = 1 \, N/m^2$

Ein Pascal ist aber ein sehr kleiner Druck, sodass es sich ungeschickt damit rechnet. Deswegen verwendet man die Einheit Bar:

$1 \, bar = 100.000 \, N/m^2 = 10 \, N/cm^2$

♟ Wenn solche Wassermassen in vielen Metern Tiefe Richtung Meeresgrund drücken …

Der Herr Pascal

Die Einheit Pascal ist nach dem französischen Wissenschaftler Blaise Pascal (1623–1662) benannt. Traurig für ihn, dass die nach ihm benannte Einheit so selten verwendet wird!

♟ … ist es kein Wunder, dass es beim Tauchen überlebenswichtig ist, den Druck auszugleichen.

Wie groß ist der hydrostatische Druck?

Stell dir eine kleine Fläche, sagen wir einen Quadratzentimeter groß, auf dem Boden des Schwimmbeckens vor. Das ganze Wasser, das sich genau über dieser Fläche befindet, drückt mit seinem Gewicht darauf. Bei 2 m, also 200 cm Wassertiefe, sind in dieser Wassersäule 200 Kubikzentimeter (cm³) Wasser, die eine Masse von 200 g haben und daher eine Gewichtskraft von etwa 2 N ausüben. In zwei Metern Tiefe wirkt also auf jeden Quadratzentimeter eine Kraft von zwei Newton.

♟ Je tiefer man taucht, desto größer wird der Druck. Irgendwann vermag der menschliche Körper dem Druck nicht mehr standzuhalten. Aus diesem Grund brauchen Forscher ein Tiefsee-U-Boot, um in unerforschte Tiefen vorzudringen.

Was ist eigentlich Druck?

Gerade hast du den hydrostatischen Druck kennengelernt, der ganz von selbst in Flüssigkeiten entsteht, wenn Schwerkraft wirkt. Druck kann aber auch anders entstehen als durch das Eigengewicht von Flüssigkeiten.

◑ Indem du mit aller Kraft auf die Luftpumpe drückst, übst du Druck auf die im Kolben befindliche Luft aus und die Luft gelangt in den Gummireifen.

◐ Die Wasserpistole folgt demselben Prinzip.

Kraft und Fläche

Druck entsteht, wenn eine Kraft auf eine Flüssigkeit (oder ein Gas) wirkt. Beim hydrostatischen Druck ist diese Kraft das Eigengewicht der Flüssigkeit. Man kann aber zum Beispiel auch mit einem Kolben Druck erzeugen, wie etwa in der Luftpumpe beim Fahrradaufpumpen.
In der Abbildung siehst du, wie ein Kolben in einem Zylinder auf eine Flüssigkeit drückt:
Bei einem großen Kolben verteilt sich die Kraft, mit der man auf den Kolben drückt, auf viele Quadratzentimeter. Daher bleiben für jeden dieser Quadratzentimeter nur wenige Newton.
Bei einem kleinen Kolben wirkt die gleiche Kraft auf weniger Quadratzentimeter, sodass jeder Quadratzentimeter wesentlich mehr Kraft abbekommt. Der Druck ist größer, denn Druck ist Kraft pro Fläche:

Kraft

Druck

◑ Im Inneren einer Luftpumpe schaut es folgendermaßen aus.

$$\text{Druck} = \frac{\text{Kraft}}{\text{Fläche}} \qquad P = \frac{F}{A}$$

Der hydraulische Wagenheber

Mit einem Kolben in einem Zylinder kann man nicht nur aus Kraft Druck machen, sondern auch umgekehrt aus Druck Kraft. Auf den Bildern siehst du, wie ein hydraulischer Wagenheber betätigt wird und funktioniert. Indem man auf den Kolben im kleinen Zylinder drückt, erzeugt man mit wenig Kraft (F_1) einen großen Druck (P). Weil dieser große Druck jetzt auf die große Fläche wirkt, wird daraus eine große Kraft (F_2), und man kann damit etwas hochheben, was man von Hand nicht hochheben kann.

↻ Aus ein wenig Kraft ...

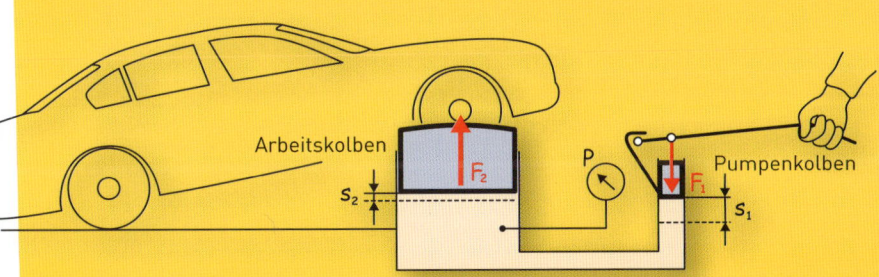

↻ ... wird im Wagenheber großer Druck, der sich in große Kraft umwandelt.

Schon gewusst?

Geschenkt wird nichts!

Beim hydraulischen Wagenheber bewegt sich der große Kolben sehr viel weniger als der kleine, und man macht aus einem großen Weg (S_1) mit einer kleinen Kraft einen kleinen Weg (S_2) mit einer großen Kraft. Wie beim Hebel und der schiefen Ebene gilt die Goldene Regel der Mechanik: Was man an Kraft spart, muss man in den Weg stecken!

↻ Da der Bagger über einen hydraulischen Antrieb verfügt, kann seine Schaufel mit aller Kraft das Erdreich unterwandern.

Wissenswert!

Hydraulische Maschinen

Flüssigkeiten lassen sich fast gar nicht zusammendrücken. Deswegen kann man mit einer Hydraulik gut große Kräfte übertragen, zum Beispiel bei einem Bagger.

Warum schwimmt Holz?

Sicher hast du beim Baden schon gemerkt, dass du im Wasser fast nichts wiegst, weil das Wasser den größten Teil deines Gewichts trägt. Manche Sachen schwimmen sogar ganz von allein auf dem Wasser, andere dagegen gehen unter.

🎧 Beim Schwimmen trägt das Wasser den größten Teil deines Gewichts.

Auftrieb und Verdrängung

Dass manche Körper schwimmen, liegt am Auftrieb und daran, dass jeder Körper, der ins Wasser eintaucht, eine gewisse Menge Wasser verdrängt – nämlich genau so viel, wie sein eigener Rauminhalt ist. Auf dem Bild siehst du, dass auf den Körper unter Wasser von allen Seiten der hydrostatische Druck wirkt, den du ja schon kennst. Wie du bereits weißt, ist dieser hydrostatische Druck umso größer, je größer die Wassertiefe ist.

Nun heben sich die Kräfte, die der hydrostatische Druck auf den untergetauchten Körper von den Seiten ausübt, gegenseitig auf, wie du leicht in dem Bild erkennen kannst. Die Kräfte, die aber von oben und unten wirken, tun das nicht, denn der Druck ist unten etwas größer. Deswegen möchte das Wasser den Körper hochheben. Die Kraft, mit der es das tut, ist genauso groß wie das Gewicht des Wassers, das der Körper verdrängt. Diese Kraft heißt Auftrieb.

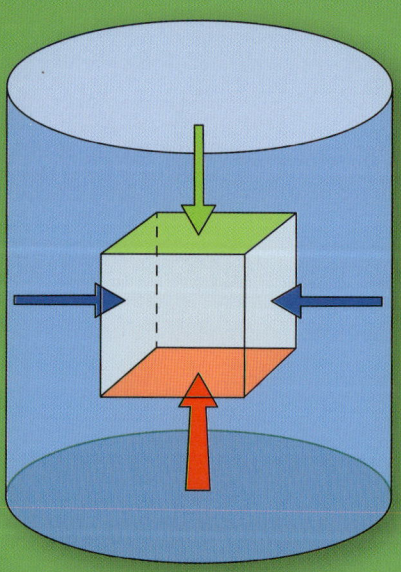

🎧 Die seitlichen Kräfte heben sich gegenseitig auf. Die Kraft, die von unten wirkt, ist jedoch stärker als die von oben.

Eisen wird leichter...

Ein Liter Eisen hat eine Masse von 7,9 kg und daher ein Gewicht von etwa 79 N. Ein Liter Wasser hat eine Masse von 1 kg und wiegt etwa 10 N. Legt man das Eisen nun ins Wasser, verdrängt es einen Liter Wasser und erfährt einen Auftrieb, der genauso groß ist wie das Gewicht dieses Liters Wasser, nämlich etwa 10 N. Dadurch wird das Stück Eisen unter Wasser leichter.

⮑ Der Auftrieb reicht im Meer normalerweise nicht aus, um einen Menschen auf der Meeresoberfläche „schweben" zu lassen. Im Toten Meer ist das anders: Der Salzgehalt des Wassers und somit die Dichte sind höher, was gleichzeitig einen höheren Auftrieb bewirkt.

Mein Experiment:

Lege Gegenstände (natürlich nur solche, die nass werden dürfen!) aus verschiedenen Materialien in eine Wasserschüssel und beobachte, welche Materialien schwimmen und welche untergehen.

⮑ Je nachdem, aus welchem Material die Gegenstände gemacht sind, schwimmen sie oben oder auch nicht.

... und Holz schwimmt

Ein Stück Holz geht im Wasser erst gar nicht unter. Ein Liter Eichenholz hat nur etwa 670 g Masse. Deswegen hat dieses Holzstück bereits eine Wassermenge verdrängt, die seinem eigenen Gewicht entspricht, wenn es selbst erst zu zwei Dritteln eingetaucht ist.

⮑ An den Ufern von Gewässern kann sich jede Menge Treibholz ansammeln.

Und es schwimmt doch!

Warum schwimmen eiserne Schiffe?

Eisen schwimmt eigentlich nicht. Ein eisernes Schiff aber doch. Das kommt daher, dass es hohl ist: So hat es schon lange, bevor es ganz eingetaucht ist, so viel Wasser verdrängt, wie das Eisen wiegt, aus dem es gemacht ist.

Luft wiegt auch etwas

⮑ Das Barometer zeigt an, wie das Wetter wird: Ist der Luftdruck hoch, wird das Wetter schön und andersherum.

Bestimmt hast du schon einmal ein Barometer – also ein Instrument zum Messen des Luftdrucks – gesehen und auch im Wetterbericht von hohem und niedrigem Luftdruck gehört. Was genau ist das aber?

Genau wie im Wasser…

Du hast ja bereits gelesen, dass unter Wasser ein Druck herrscht, der immer größer wird, je tiefer man taucht. Und auch, dass das vom Gewicht des Wassers kommt. Nun ist es aber keineswegs so, dass Luft kein Gewicht hätte. Sie ist zwar sehr leicht, aber immerhin wiegt ein Liter Luft etwas mehr als ein Kubikzentimeter Wasser. Da unsere Atmosphäre, die Lufthülle unserer Erde, recht dick ist, kommt da einiges an Druck zusammen, nämlich ungefähr ein Bar. Deswegen hieß die früher verwendete Einheit des Drucks, die ungefähr genauso groß war wie das Bar, auch „Atmosphäre", abgekürzt „atm". Dass du von diesem doch ganz ordentlichen Druck nichts merkst, kommt daher, dass in deinem Körper genau der gleiche Druck herrscht.

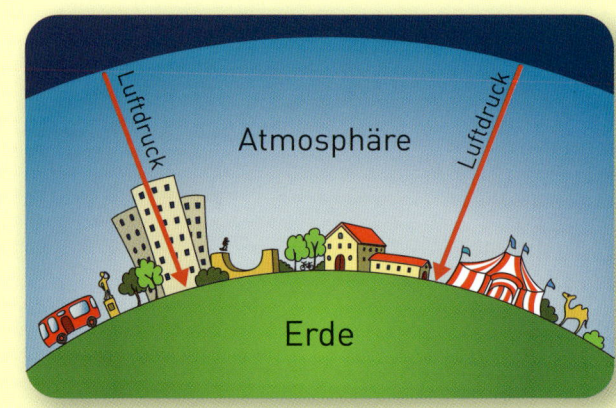

🎧 Auch wenn die Luft vergleichsweise leicht ist, drückt ihr Gewicht doch auf die Erdoberfläche.

Wissenswert!

Der Wind, der Wind…

Da es nicht überall gleich warm ist, ist auch der Luftdruck nicht überall gleich hoch. Da er sich aber ausgleichen will, strömt Luft von den Hochdruckgebieten in die Tiefdruckgebiete, was wir als Wind wahrnehmen.

⮑ Eine Frage des (Luft-)Druckausgleichs: der Wind

Ein tolles Experiment

Einer der Ersten, der hinter die Geschichte mit dem Luftdruck kam, war der Magdeburger Bürgermeister Otto von Guericke (1602–1686). Er nahm zwei Halbkugeln aus Kupfer, die gut aufeinanderpassten, und dichtete sie mit einer Lederdichtung ordentlich ab. Dann pumpte er mit einer Luftpumpe, die er selbst erfunden hatte, die Luft heraus, so gut es eben ging. Dadurch drückte der äußere Luftdruck die Halbkugeln zusammen.

Jetzt spannte er an jede der beiden Halbkugeln ein paar Pferde und versuchte, sie damit auseinanderzureißen. Nicht einmal bis zu 15 Pferde, die auf jeder Seite angespannt waren, konnten das schaffen! Als er dann die Luft durch ein Ventil wieder in das Innere der Kugel einströmen ließ, fielen die Schalen von selbst auseinander. Da Herr Guericke das Experiment öffentlich vorführte, hatte eine Menge von Leuten etwas zum Staunen!

🎧 🔈 Otto von Guericke bewies auf diese Weise eindrucksvoll die Existenz des Luftdrucks.

Schon gewusst?

Hoch hinaus mit wenig Druck

Je höher du einen Berg hinaufsteigst, desto weniger Luft ist über dir. Da eine geringere Menge Luft auch weniger drücken kann, ist auf dem Berg der Luftdruck geringer. Auf Meereshöhe herrscht im Mittel ein Luftdruck von 101.300 Pa, also 1,013 bar. Auf dem Gipfel des höchsten Berges der Welt, dem Mount Everest, sind es dagegen nur noch 0,326 bar.

↪ Je höher der Berg ist, den man erklimmt, desto weniger Sauerstoff hat man zur Verfügung.

Otto von Guericke

Otto von Guericke (1602–1686) aus Magdeburg kennen die meisten Menschen, weil er dieses tolle Experiment mit den Magdeburger Halbkugeln gemacht hat (siehe Seite 103). Heute bestehen die Ergebnisse von Experimenten oft nur aus irgendwelchen Zeigerausschlägen an Instrumenten in einem Labor oder aus Zahlen auf Bildschirmen, die nur Fachleuten etwas sagen. Das Halbkugel-Experiment aber konnte Otto von Guericke auf dem Marktplatz vor allen Leuten vorführen: Es war eine richtig unterhaltsame und lehrreiche Show für jedermann!

Nicht nur ein Physiker …

Die Forschungen über den Luftdruck, die Otto von Guericke durchführte, waren ein wichtiger Beitrag zur Entwicklung der modernen Physik. Zum Beispiel hatte er erst einmal die Luftpumpe erfinden müssen, mit der er die Halbkugeln luftleer machen konnte. Außerdem zeigte er, dass es überhaupt ein Vakuum gibt. Damals glaubten nämlich manche, dass es so etwas wie einen Raum mit überhaupt nichts drin gar nicht geben könne. Das war aber lange nicht alles, was dieser Mann gemacht hat.
Zunächst studierte Otto von Guericke Jura und dann auch noch Festungsbaukunst. Nachdem er sich anschließend ein

🎧 Die Kulisse des historischen Magdeburg nutzte Otto von Guericke für seine massenwirksamen Experimente.

wenig in England und Frankreich umgesehen hatte, wurde er Ratsherr in Magdeburg. Dort war er für das Bauwesen zuständig; und als die Stadt 1629 und 1630/1631 angegriffen wurde, auch für die Verteidigung. Später arbeitete er als Festungsbauingenieur, war Diplomat und wurde 1646 einer von damals vier Bürgermeistern der Stadt Magdeburg.

🎧 Das Experiment mit den Magdeburger Halbkugeln machte es für Guericke notwendig, zunächst die Luftpumpe zu erfinden.

Das Wetter und der Sternenhimmel

Auch mit der Wetterkunde und der Astronomie befasste sich Otto von Guericke. Er kam als Erster auf die Idee, dass man die Wiederkehr eines Kometen berechnen können müsste, auch wenn er selbst das noch nicht schaffte.
Für Wettervorhersagen verwendete er bereits ein Barometer, und es ist überliefert, dass er 1660 ein Unwetter richtig vorhergesagt hatte. Außerdem stellte er ein Barometer am Rathaus in Magdeburg auf, damit jeder selbst gucken konnte, wie wohl das Wetter werden würde.

Ein Museum

In Magdeburg gibt es heute ein Otto-von-Guericke-Museum. Dort werden nicht nur seine Geräte gezeigt, sondern auch seine Experimente öffentlich vorgeführt.

↪ Mithilfe der Elektrisiermaschine konnte Guericke durch Reibung seiner Hände an der Schwefelkugel ein elektrisches Leuchten erzeugen.

Der kartesische Taucher

Gase wie Luft und Flüssigkeiten wie Wasser sind sich in ihrem Verhalten in mancherlei Hinsicht ähnlich. Es gibt aber auch Unterschiede.

Kann man Flüssigkeiten zusammendrücken?

Wenn du eine Spritze (natürlich ohne Nadel!), die nur Luft enthält, zuhältst, kannst du den Kolben ein Stück hineindrücken, auch wenn das schwer geht und sich anfühlt, als wenn man gegen eine starke Feder drücken würde. Füllst du die Spritze jedoch mit Wasser, lässt sich der Kolben keinen einzigen Millimeter hineindrücken. Tatsächlich lassen sich Gase relativ leicht zusammendrücken, Flüssigkeiten dagegen so gut wie gar nicht. Wenn man es ganz genau nimmt, lassen sie sich zwar eine Winzigkeit zusammendrücken, aber dieses bisschen spielt in der Praxis meistens keine Rolle.

◑ Flüssigkeiten lassen sich im Gegensatz zu Gasen so gut wie gar nicht zusammendrücken.

Wissenswert!

Der Herr Cartesius

Der kartesische Taucher heißt so, weil ihn der französische Philosoph und Naturforscher René Descartes (1596–1650) erfunden haben soll, der sich auch Cartesius nannte. Tatsächlich wurde er aber wohl von dem italienischen Wissenschaftler Raffaello Magiotti (1597–1656) entwickelt und beschrieben.

◑ Wer hat es erfunden? Wohl eher nicht der René Descartes.

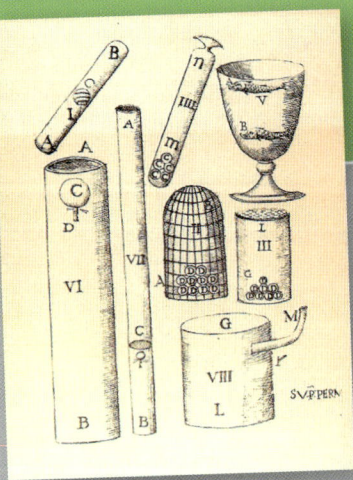

◑ Eine Seite aus Magiottis Buch, in dem er sich über den „Widerstand des Wassers gegen Komprimierung" Gedanken macht.

Mein Experiment:

Ein kartesischer Taucher

Nimm eine durchsichtige Plastikflasche, wie diejenigen, in denen man Mineralwasser, Limo und Cola kaufen kann, und einen abgezwickten Streichholzkopf. Fülle die Flasche ganz mit Wasser, wirf den Streichholzkopf hinein und schraube sie gut zu.

Der Streichholzkopf wird jetzt irgendwo in der Flasche schwimmen. Versuche nun, die Flasche zusammenzudrücken. Sobald du drückst, wird der Streichholzkopf absinken. Lässt du los, steigt er wieder nach oben.

Wie kommt das? Ganz einfach: Das Wasser in der Flasche lässt sich nicht zusammendrücken, deswegen pflanzt sich der Druck, den du erzeugst, bis zum Streichholzkopf fort. Das Wasser dringt in dessen Poren ein und drückt die Luft zusammen, die in diesen Poren ist; denn Luft lässt sich ja zusammendrücken. Dadurch wird der Streichholzkopf schwerer und sinkt.

Lässt du los, dehnt sich die Luft wieder aus, der Streichholzkopf wird leichter und steigt wieder auf.

Wie von Geisterhand steigt und sinkt der kartesische Taucher.

Der Streichholzkopf sinkt zu Boden, da die Luft in dem sogenannten kartesischen Taucher durch das einströmende Wasser verdichtet wird.

„Schwimmen" in der Luft

Im Kapitel über den Auftrieb hast du erfahren, warum manche Dinge im Wasser „schwimmen". Im Kapitel über den Luftdruck wurde erklärt, dass der Luftdruck im Prinzip die gleiche Ursache hat wie der hydrostatische Druck im Wasser. Kann man etwa auch Dinge in der Luft „schwimmen" lassen?

↻ Im Jahre 1783 baute Jacques Charles den ersten Gasballon. Er wurde mit Wasserstoff betrieben und flog beim ersten Versuch circa 3 km hoch.

Leichter als Luft!

Ein eisernes Schiff schwimmt, obwohl Eisen schwerer ist als Wasser. Das kommt daher, dass es innen hohl ist und Luft enthält, die viel leichter als Eisen und auch viel leichter als Wasser ist. Im Prinzip lässt sich so etwas auch für die Luft hinkriegen. Nur kann man einen solchen „Luftschwimmkörper" nicht mit Luft füllen, denn die ist ja nicht leichter als Luft.

Mit heißer Luft

Statt mit einem leichten Gas kann man einen Ballon auch mit heißer Luft füllen. Die ist nämlich weniger dicht als die umgebende kältere Luft und hebt den Ballon deswegen in die Höhe. Bei modernen Heißluftballons macht ein Propangasbrenner die Luft im Ballon heiß. Man sagt übrigens, dass Heißluftballone „fahren", nicht „fliegen".

↻ Die heiße Luft lässt den Heißluftballon aufsteigen.

Wissenswert!

Starre und pralle Luftschiffe

Luftschiffe kann man auf zwei Arten bauen: Die eine Art ist lediglich mit Helium aufgeblasen und erhält ihre Form durch den Druck des Gases. Solche Luftschiffe gibt es noch heute. Sie heißen Prallluftschiffe oder Blimps. Früher gab es auch Starrluftschiffe, die ihre Form durch ein Gerüst im Inneren erhielten.

🎧 Auf diesem Bild kannst du das Innenskelett eines Starrluftschiffs genau erkennen.

Lenkbare Luftschiffe

Luftschiffe kann man lenken, weil sie angetrieben sind und eine eigene Geschwindigkeit haben. Ballons treiben immer dahin, wo der Wind sie hinbläst.

⮑ Ballons sind vom Wind Getriebene, da es keine Möglichkeit gibt, sie zu lenken.

Feuergefährliche Luftschiffe

Zum Glück gibt es Gase, die leichter sind als Luft. Wasserstoff ist so ein Gas. Tatsächlich hat man früher Ballons und Luftschiffe gebaut, die man mit Wasserstoff füllte – und die flogen tatsächlich, schwammen gewissermaßen in der Luft. Allerdings brennt Wasserstoff sehr leicht. Damit gefüllte Luftschiffe und

Ballons sind daher eine gefährliche Sache. Weniger gefährlich ist Helium, denn das brennt nicht und ist auch nicht viel schwerer als Wasserstoff. Deswegen füllt man Ballons und Luftschiffe heute mit diesem Gas.

⮑ Der leicht brennbare Wasserstoff war vielen Passagieren zu gefährlich, weshalb heute Helium eingesetzt wird.

⮑ Da das Helium leichter ist als die Luft, „schwimmen" die Ballons in der Luft.

Die Luft erzittert

🎧 Die Verständigung mithilfe des Schalls funktioniert manchmal leichter …

🎧 … und manchmal schwerer.

Wenn jemand ganz nahe bei dir ist, brauchst du nur leise zu sprechen, damit er dich hört. Möchtest du jemanden auf dich aufmerksam machen, der weiter weg ist, musst du laut rufen.
Beim Sprechen und Rufen verständigst du dich mithilfe von Schall – das hast du vielleicht schon einmal gehört. Aber was ist Schall?

Schwingende Körper und Wellen

Schall bedeutet eigentlich nichts anderes, als dass Körper schwingen. Wenn du eine Gitarrensaite anzupfst, siehst du sie schwingen und hörst den zugehörigen Ton. Die Schwingungen der Saite lassen die Luft mitschwingen. Dieses Schwingen der Luft wird häufig auch als Schallwellen bezeichnet. Die schwingende Luft bewegt das Trommelfell in deinem Ohr und diese Schwingungen werden durch die dahinterstehende „Mechanik" auf deinen Hörnerv übertragen und an dein Gehirn weitergeleitet.

🎧 Die beschwingte Luft bewegt dein Trommelfell und die Schwingungen lassen dich nach mehreren „Umwandlungen" die Musik hören.

Die Frequenz

Ein Körper, der Schall erzeugt, kann schnell oder langsam schwingen, einen hohen oder tiefen Ton erzeugen. Die Geschwindigkeit, mit der etwas schwingt, bezeichnet man als Frequenz. Die Frequenz wird in Hertz (Hz) gemessen. Ein Hertz ist eine Schwingung pro Sekunde.

Elefanten können Infraschallwellen, die von Menschen nicht wahrgenommen werden können, zur Kommunikation nutzen.

Delfine nutzen den Ultraschall zur Ortung von Beute.

Die Hörschwellen

Wir Menschen können nicht beliebig hohe und tiefe Töne hören. Töne, die zu tief sind, um sie zu hören – tiefer als etwa 16 Hz –, bezeichnet man als Infraschall. Sie liegen unter der unteren Hörschwelle. Solche, die zu hoch sind, heißen Ultraschall und liegen über der oberen Hörschwelle.

Schon gewusst? Infraschall

Zu tiefen Schall kann man nicht hören, aber unbewusst spüren. Er macht ein komisches Gefühl im Magen. Angeblich nutzt man das auch im Kino bei Gruselfilmen aus, damit die Zuschauer Angst bekommen.

Wissenswert!

In der Jugend hört man besser

Die Fähigkeit, hohe Töne zu hören, ist bei Babys am besten ausgeprägt und nimmt ab, wenn man älter wird. Wenn ihr zu Hause noch so einen älteren Fernsehapparat mit Bildröhre habt, kannst du ihn einmal einschalten und die Lautstärke ganz abdrehen. Wenn es im Zimmer still ist, wirst du das feine, hohe Pfeifen der Bildröhre hören. Deine Eltern hören es vielleicht auch noch, Oma und Opa aber sehr wahrscheinlich nicht mehr.

Manchmal ist es vielleicht gar nicht so schlecht, wenn man nicht alles hört.

So schnell wie der Schall

Bei einem Gewitter siehst du immer zuerst den Blitz und hörst erst dann den Donner. Manchmal dauert das sogar ein paar Sekunden. Das kommt daher, dass das Licht viel, viel schneller ist als der Schall.

⮂ Wenn du einen Blitz siehst, musst du immer noch etwas warten, bis du den Donner hören kannst.

Die Schallgeschwindigkeit

Wenn du einen Stein ins Wasser fallen lässt, bilden sich Wellen. Die breiten sich mit einer bestimmten Geschwindigkeit aus. Ganz ähnlich ist es mit den Schallwellen in der Luft. Diese breiten sich allerdings noch viel schneller aus. In der Luft legt der Schall in jeder Sekunde 343 Meter zurück. Er ist also 343 m/s oder 1234,8 km/h schnell. Du kannst dir aber ganz einfach merken, dass er für einen Kilometer etwa drei Sekunden braucht.

⊕ Die sogenannten Überschallflugzeuge fliegen schneller als der Schall und durchbrechen die sogenannte Schallmauer.

⮂ Eine solche Kreiswelle entsteht, wenn du einen Stein ins Wasser wirfst.

Mein Experiment:

Das Schnurtelefon

Schall kann man auch über eine gespannte Schnur übertragen. Mache in den Boden zweier Konservendosen oder Joghurtbecher ein Loch, ziehe jeweils ein Ende einer mehrere Meter langen Schnur hindurch und verknote es. Wenn du die eine und dein Freund die andere Dose in die Hand nehmt und die Schnur spannt, dann könnt ihr tatsächlich mit dieser Konstruktion telefonieren!

🎧 Dem Lärm am Beckenrand kann man auch unter Wasser nicht ganz entfliehen. Und dann kommen auch noch neue Geräusche hinzu!

In der Luft, im Wasser und in festen Körpern

Schall kann sich nicht nur durch die Luft ausbreiten, sondern auch in Flüssigkeiten und festen Körpern. Wenn du im Schwimmbad tauchst, hörst du den Badelärm zwar gedämpft, dafür aber andere Sachen umso deutlicher, die du über Wasser gar nicht hörst, zum Beispiel das Geräusch der Umwälzanlage. Im Wasser ist die Schallgeschwindigkeit höher als in der Luft.

🔄 Die Schnur überträgt die Schallwellen, sodass ihr euch über weite Entfernungen hören könnt.

🎧 Wenn du den zeitlichen Abstand zwischen dem Erscheinen des Blitzes und dem Erklingen des Donners misst, kannst du die Entfernung zum Zentrum des Gewitters berechnen.

Schon gewusst?

Wie weit ist das Gewitter entfernt?

Wenn du bei einem Gewitter die Sekunden vom Blitz bis zum Donner zählst, kannst du ausrechnen, wie weit der Blitz weg war: Da der Schall in drei Sekunden etwa einen Kilometer zurücklegt, musst du nur die Sekunden durch drei teilen, um auf die Entfernung in Kilometern zu kommen.
Übrigens kannst du zum Messen der Zeit auch dein selbst gebautes Sekundenpendel von Seite 95 verwenden.

Leonardo da Vinci

Leonardo da Vinci (1452–1519) lebte in der Zeit, die man Renaissance nennt. Dieses französische Wort bedeutet „Wiedergeburt". Man nennt diese Zeit so, weil im Mittelalter viel von dem Wissen und den wissenschaftlichen Traditionen der Antike vergessen worden war und jetzt wiederentdeckt wurde.

Wie viele Gelehrte der Renaissance war Leonardo ein sehr vielseitiger Mensch und befasste sich mit einer Menge unterschiedlicher Dinge – ja man kann sagen, er war ein Universalgenie: Viele kennen ihn als großen Maler und vielleicht auch als Bildhauer, andere denken vor allem an die zahlreichen Maschinen und Vorrichtungen, die er sich ausdachte und zeichnete. Aber auch mit der Anatomie (dem Körperbau) des Menschen, mit Architektur und Festungsbaukunst befasste sich Leonardo. Es heißt außerdem, er habe gut Laute (das ist so etwas Ähnliches wie eine Gitarre) spielen können. Zu allem Überfluss sah er auch noch sehr gut aus und war bärenstark.

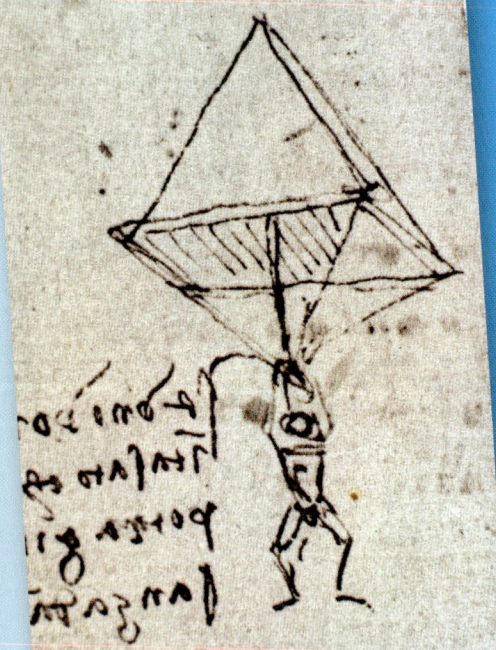

🎧 So stellte sich Leonardo da Vinci seinerzeit einen Fallschirm vor.

➲ So sah der von Leonardo da Vinci erdachte Vorgänger des modernen Hubschraubers aus. Das Universalgenie entwickelte die Luftschraube vor über 500 Jahren.

Leonardos Jugend

„Da Vinci" ist nicht Leonardos Familienname, sondern eine Herkunftsbezeichnung. Er stammt nämlich aus dem Dorf Vinci, das ungefähr 30 km von Florenz entfernt ist. Er war der Sohn einer Magd und kam daher keineswegs aus wohlhabenden Verhältnissen. Als junger Bursche kam er zu dem berühmten italienischen Maler und Bildhauer Andrea del Verrocchio (1435 oder 1436–1488) in die Lehre. Danach wurde er das, was man heute einen freischaffenden Künstler nennt.

⮌ Eines der berühmtesten Porträts der Kunstgeschichte: Leonardo da Vincis Mona Lisa

Leonardo und der Schall

Als einer der Ersten erkannte Leonardo, dass der Schall Luft braucht, um sich ausbreiten zu können. Außerdem stellte er fest, dass der Schall sich mit einer endlichen Geschwindigkeit ausbreitet.

⮎ „Wenn du ein Rohr in das Wasser tauchst und das andere Ende an dein Ohr hältst, kannst du Schiffe auf sehr große Entfernungen hören", stellte da Vinci bereits 1490 fest.

Leonardo und das Wasser

Bei seinen ganzen Arbeiten interessierte sich Leonardo da Vinci auch immer wieder für das Wasser. Er wollte unter anderem wissen, wie Wolken entstehen, warum es regnet, wie Wasser fließt und was es mit den Wellen auf sich hat. Er erkannte, dass Wassertropfen kugelig sind, und kam so der Oberflächenspannung auf die Spur. Besonders interessant ist, dass auf fast allen seinen Bildern im Hintergrund irgendwo Wasser zu sehen ist.

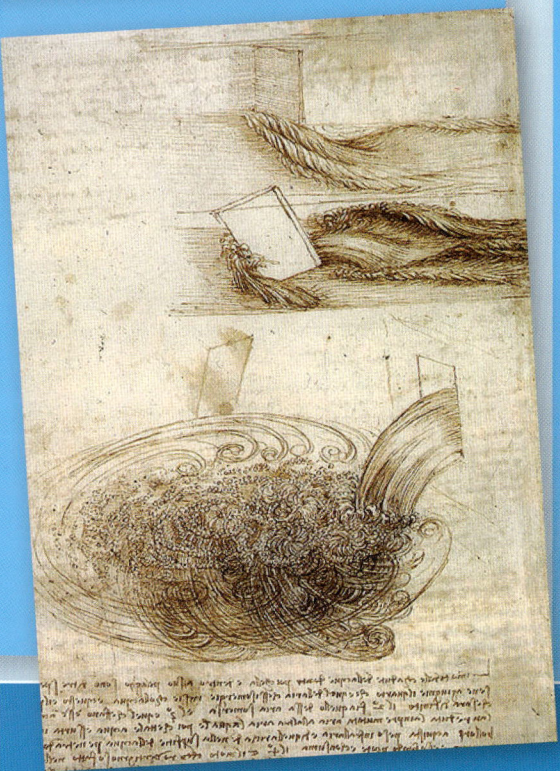

⮌ Leonardo studierte die Bewegungen und Phänomene des Wassers.

Höhen und Tiefen

Magst du Musik? Eine Melodie besteht aus verschieden hohen Tönen – also Tönen mit verschiedenen Frequenzen. Aber wieso bekommt ein Musiker verschieden hohe Töne aus seinem Instrument heraus?

↻ Verschiedene Frequenzen aus verschiedenen Instrumenten schaffen Klangwelten.

Große und kleine Klangkörper

Wie hoch der Ton ist, den ein Körper erzeugt, hängt unter anderem davon ab, wie groß der schwingende Körper ist. Sehr gut sieht man das bei Xylophon und Glockenspiel: Je tiefer der Ton ist, den man erzeugen will, umso größer ist beim Xylophon der Klangstab und beim Glockenspiel das Stahlplättchen, auf das man schlagen muss.

↻ Je größer der Klangstab, desto tiefer der Ton

↻ Je dünner die Saite, desto höher der Ton

Die Saiten von Gitarre und Geige sind verschieden dick: Je dünner sie sind, umso höher ist der Ton. Außerdem kann man die Saiten noch verkürzen, indem man sie mit dem Finger auf das Griffbrett drückt – je kürzer man die Saite greift, desto höher wird ihr Ton.
Auch Klavier und Harfe haben Saiten. Hier gibt es lange, dicke Saiten für die hohen und kurze, dünne für die tiefen Töne.

Schwingende Luftsäulen

Klangkörper können auch aus Luftsäulen bestehen: Bei einer Panflöte schwingt, genauso wie bei einer Orgelpfeife, die Luft im Inneren der einzelnen Pfeifen. Weil diese verschieden groß sind, geben sie unterschiedlich hohe Töne von sich.

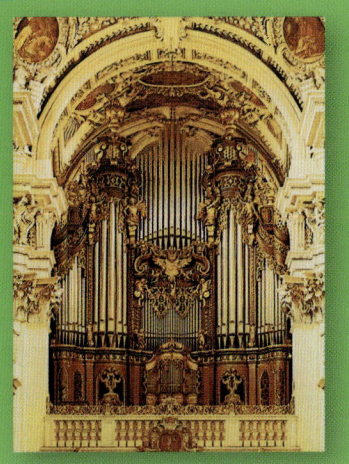

➲ Die unterschiedliche Größe der Orgelpfeifen macht die Musik.

Mein Experiment:

Die musikalische Flasche

Sicher weißt du, dass man auf einem hohlen Schlüssel, dem Verschlusskäppchen eines Füllfederhalters und auf einer ganzen Menge anderer, ähnlicher Gegenstände mehr oder weniger gut pfeifen kann. Das klappt auch mit einer Flasche, die man nicht ganz voll Wasser macht und über deren Mündung man bläst.
Je nachdem, wie viel Luft noch über dem Wasser ist, wird der Ton der „Flaschenpfeife" höher oder tiefer. Probiere es mit verschieden hohen Füllungen aus!

➲ Unglaublich, wie musikalisch eine Flasche sein kann!

Wissenswert!

Gespannte Saiten

Bei Saiten hängt der Ton, den sie erzeugen, nicht nur von der Länge und der Dicke, sondern auch von der Spannung der Saiten ab. Deswegen kann man bei Klavier, Geige, Gitarre und Harfe die Saiten auch mit Wirbeln spannen, um sie zu stimmen: Je weiter man dreht, umso höher wird der Ton. Geiger und Gitarristen stimmen ihre Instrumente selbst vor jedem Spielen. Klaviere müssen nur ab und zu gestimmt werden, dafür braucht man aber einen Fachmann, den Klavierstimmer.

➲ Die Saiten der Geige sollten vor dem Spielen gespannt werden, sodass harmonische Töne erzeugt werden können.

Katzenmusik

„Musik wird oft nicht schön gefunden, weil sie stets mit Geräusch verbunden", dichtete Wilhelm Busch, der Erfinder von Max und Moritz in einem anderen Bildergeschichtenbuch mit dem Titel „Der Maulwurf". Tatsächlich kann man aus einem Instrument schöne und auch schauerliche Klänge hervorlocken.

⮌ Unter Katzenmusik versteht man eindringliches und unmelodisches Geschrei, bei dem man sich lieber die Ohren zuhält.

Mein Experiment:

Die harmonischen Gläser

Nimm ein paar gleiche Gläser, am besten Weingläser (aber bitte nicht die beste Garnitur deiner Eltern!), und fülle sie verschieden hoch mit Wasser. Wenn du nun mit dem angefeuchteten Finger vorsichtig oben am Glasrand entlangreibst, geben sie verschieden hohe Töne von sich. Falls das nicht klappen will, kannst du die Gläser auch mit einem kleinen Stäbchen vorsichtig anschlagen. Je nachdem, wie viel Wasser in den Gläsern ist, geben sie verschieden hohe Töne von sich. Du kannst nun durch Verändern der Wassermenge die Tonhöhe verändern und versuchen, zwei oder vielleicht sogar drei Gläser so zu stimmen, dass sie gut zusammen klingen, wenn du sie gleichzeitig tönen lässt – also einen harmonischen Klang ergeben. Wenn du das allein nicht schaffst, dann lass dir einfach von einem Erwachsenen dabei helfen!

🎧 So einfach ist das nicht mit der Glasharfe. Man muss schon ein wenig üben, bevor man ihr einen harmonischen Klang entlocken kann.

Eine Tonleiter

Wenn du ein wenig musikalisch bist, schaffst du es vielleicht sogar, deine Gläser so zu stimmen, dass du darauf „Alle meine Entchen" spielen kannst. Wenn du das hinbekommst, hast du die Gläser auf die ersten sechs Töne der C-Dur-Tonleiter gestimmt.

⮕ Mithilfe von Noten und Notenschlüsseln kannst du deine eigene Musik festhalten.

Was bitte ist harmonisch?

Bei dem Experiment mit den Gläsern hast du sicher festgestellt, dass verschiedene Töne nicht immer gut zueinanderpassen. Mal klingen zwei Töne zusammen gut, mal ausgesprochen schief.
Welche Töne zusammenpassen, hängt davon ab, in welchem Verhältnis ihre Frequenzen zueinander stehen, wie etwa 2:1, 3:2 oder 4:3. Zum Beispiel klingen der erste, der dritte und der fünfte Ton einer Dur-Tonleiter zusammen gut, sie bilden den sogenannten Dur-Akkord zu der jeweiligen Tonleiter. Stehen Töne nicht in solchen Verhältnissen, klingen sie falsch oder schief, wenn man sie zusammen spielt.

🎧 Je nachdem, welche Tasten des Klaviers der Pianist spielt, klingt die Musik harmonisch oder nicht.

Schon gewusst?

„Richtige" Musik auf Gläsern

Es gibt sogar ernsthafte Musiker, die auf mit Wasser gefüllten Gläsern Musik machen. Man spricht dann von einer Glasharfe. Sogar Wolfgang Amadeus Mozart (1756–1791) hat Musik für dieses ungewöhnliche Instrument geschrieben.

⮕ Einer der berühmtesten Komponisten der Welt, Wolfgang Amadeus Mozart, war offensichtlich ein Glasharfenliebhaber.

Wo bitte wohnt das Echo?

🎧 Das Eldorado der Echos

Plätze mit einem schönen Echo gibt es an vielen Stellen, besonders im Gebirge. Was genau aber ist ein Echo?

Der Schall wird zurückgeworfen

Wie du schon weißt, sind Schallwellen ja nichts anderes als Schwingungen der Luft. Wenn sie können, breiten sie sich nach allen Richtungen gleichmäßig aus, ähnlich wie das die Wellen tun, die von einem Stein kommen, den man ins Wasser geworfen hat.

Stoßen die Schallwellen dann gegen ein Hindernis, zum Beispiel eine Felswand im Gebirge, werden sie zurückgeworfen. Wenn dieses Hindernis nun einigermaßen rechtwinklig zu der Richtung steht, aus der du rufst, werden die Schallwellen zu dir zurückgeworfen und du hörst das Echo. Steht die Felswand schräg, wirft sie den Schall zwar auch zurück, aber in eine andere Richtung, sodass das Echo nicht zu dir zurückkommt, sondern anderswo zu hören ist.

Wenn die „Echowand" entsprechend weit von dir entfernt ist, braucht der Schall eine ganze Weile für den Hin- und Rückweg, sodass du bei manchen Echostellen einen ganzen Satz rufen kannst, bis das Echo zurückkommt.

🎧 Je weiter die Bergwand von dir entfernt ist, desto länger braucht das Echo, bis es zu dir zurückkommt.

Mehrfache Echos

Vor allem im Gebirge kann es Stellen geben, wo der Schall von mehreren Wänden zurückgeworfen wird. Wenn die dann unterschiedlich weit entfernt sind, brauchen die Echos verschieden lang und man hört sie nacheinander.

🎧 Fledermäuse nutzen die Echos zur Orientierung, setzen also die sogenannte Echoortung ein.

Mein Experiment:

Waldrand-Echo

Auch Waldränder mit einer großen, ebenen, freien Fläche davor geben oft ein gutes Echo. Rufe an einem solchen Ort aus verschiedenen Entfernungen vom Wald: Je weiter du weggehst, umso länger braucht das Echo.

⮑ Auch Waldränder können Echos zurückwerfen.

Der Hall

In einem Raum mit harten, glatten Wänden gibt es ebenfalls Echos, die aber sehr schnell kommen, weil die Wege des Schalls kurz sind. Außerdem wird der Schall ein paarmal hin- und hergeworfen. Dieser Effekt heißt Hall oder Nachhall.
Je nachdem, wie der Nachhall beschaffen ist, kann er lästig sein oder sogar gut klingen. Manche Leute vermuten, dass viele Menschen auch deswegen gern im Badezimmer singen, weil es dort so schön hallt.

Schon gewusst?

Künstlicher Hall

Hall kann man als Effekt beim Musikmachen einsetzen. Deswegen gibt es elektronische Geräte, mit denen man zu Musik künstlichen Hall hinzufügen kann.

Al - le mei - ne Ent-chen

⮑ Im Badezimmer hallt es so schön, wenn man singt.

Lästiger Lärm

Wie du bereits erfahren hast, leitet nicht nur die Luft den Schall. Er geht auch durch Flüssigkeiten wie Wasser und durch feste Stoffe wie Beton, Mauerwerk und Holz. Das ist oft lästig.

Luftschall

Beim Lärmschutz in Gebäuden geht es um zwei Sorten von Schall. Den Lärm, der durch die Luft kommt, nennt man Luftschall. Das ist zum Beispiel der Verkehrslärm von der Straße oder das Geräusch von startenden und landenden Flugzeugen, wenn man in der Nähe eines Flugplatzes wohnt.

Körperschall

Die andere Art, der Körperschall, kommt durch die Wände und Decken; zum Beispiel dann, wenn jemand im Haus Klavier spielt. Der von den Saiten des Klaviers erzeugte Schall lässt das ganze Instrument schwingen. Diese Schwingungen übertragen sich auf den Fußboden, auf dem das Klavier steht, und von da auf die Wände. So hat jeder im Haus etwas davon, wenn die nette Nachbarin im ersten Stock Fingerübungen auf dem Klavier macht.

Der Luftschall kann in der Nähe von Flughafen und Autobahn schnell lästig werden.

Der Körperschall kann ein Klangvergnügen ermöglichen.

Luftschall dämmen

Luftschall geht ungern durch schwere Wände. Deswegen ist er in ganz alten Häusern mit dicken, schweren Backsteinmauern ein viel kleineres Problem als in neueren Gebäuden mit Leichtbauwänden. Was den Schall ebenfalls zurückhält, ist alles, was aus zwei Wänden mit Luft dazwischen besteht, wie etwa die modernen Fenster mit Doppelverglasung: Anstatt durchzugehen, werden die Schallwellen zwischen den beiden Glasscheiben hin und her geworfen, stoßen gegeneinander und blockieren sich dabei gegenseitig.

🎧 Nicht immer ist modern besser.

Körperschall dämmen

Körperschall geht nicht durch weiche Sachen. Deswegen baut man zwischen Wänden und Decken oft Fugen aus einem weicheren Material ein. Und für Klaviere gibt es spezielle Unterlagen.

🎧 Bäume und Sträucher verschönern nicht nur das Stadtbild, sondern formen einen natürlichen Schallschutz.

Lichtstrahlung und Lichtwellen

Auch Licht besteht aus Wellen, ganz ähnlich wie Schall. Nur ist das Licht viel, viel schneller als der Schall. Es kann sich außerdem im Vakuum – das heißt im luftleeren Raum – ausbreiten, was der Schall nicht kann.

Lichtstrahlen

Licht besteht eigentlich aus Strahlen von winzig kleinen, unglaublich schnellen Teilchen, die man Photonen nennt. Weil das Licht aber schwingt, kann man Lichtstrahlen auch als Wellen betrachten. Außerdem kann das Licht, genau wie der Schall, verschiedene Frequenzen haben. Diese unterschiedlichen Frequenzen nehmen wir als Farben wahr.

Kugelwellen

Lichtwellen sind Kugelwellen. Das bedeutet, dass sie sich von ihrer Quelle aus in alle Richtungen gleichmäßig ausbreiten. Auch Schallwellen sind übrigens Kugelwellen: Genau wie das Licht breitet sich der Schall nach oben und unten, links und rechts, vorne und hinten gleichmäßig aus.

↻ ↺ ⇨ Verschiedenste Lichtquellen senden Photonen aus und erhellen unseren Lebensraum.

Durchsichtige und undurchsichtige Dinge

Durch manche Dinge sieht man hindurch – zum Beispiel durch das Glas eines Fensters –, durch andere nicht – zum Beispiel durch die Wand neben dem Fenster. Offenbar geht das Licht durch manche Materialien hindurch, durch andere nicht. Durchsichtige Dinge bezeichnet man als transparent und undurchsichtige als intransparent oder opak.

⮑ Durch das transparente Fenster kannst du deine Umwelt betrachten, während die Wände daneben intransparent sind.

Mein Experiment:

Dir geht ein Licht auf …

Beobachte eine kleine Lichtquelle ohne Lampenschirm, Reflektor und dergleichen, z. B. eine Kerze oder ein Taschenlampenbirnchen in einem Raum! Du wirst feststellen, dass es in alle Richtungen gleichmäßig leuchtet. Wände, Boden und Decke werden gleichmäßig beleuchtet; natürlich nur, wenn nichts dazwischen ist, was Schatten wirft.

⮑ Die Lichtstrahlen breiten sich gleichmäßig in alle Richtungen aus.

Wissenswert!

Diffuses Licht

Wenn die Sonne scheint, wirfst du einen Schatten, bei bewölktem Himmel nicht. Schatten entsteht nur, wenn das Licht aus einer Richtung kommt, wie das Sonnenlicht bei klarem Himmel. Bei bewölktem Himmel wird das Sonnenlicht von den Wassertröpfchen, aus denen die Wolken bestehen, in alle möglichen Richtungen abgelenkt und kommt daher von überall her. Solches Licht, das keine Schatten wirft, nennt man diffuses Licht.

⮑ Bei klarem Himmel wirfst du einen Schatten, da das Sonnenlicht aus einer Richtung kommt.

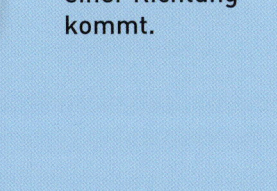

⮑ Diffuses Licht hingegen lässt die Schatten verschwinden.

Furchtbar schnell: die Lichtgeschwindigkeit

Nach allem, was wir hier auf der Erde beobachten können, scheint das Licht überhaupt keine Zeit zu brauchen, um einen Weg zurückzulegen: In dem Moment, in dem du den Lichtschalter betätigst, ist es auch schon hell im Zimmer. Trotzdem ist das Licht nicht unendlich schnell.

⮑ Das Licht scheint schneller zu sein, als du drücken kannst.

Das Lichtjahr

Die Entfernungen, die wir hier auf der Erde zu messen oder zu überbrücken haben, legt das Licht in Sekundenbruchteilen zurück. Anders ist das jedoch im Weltraum: Schon die Entfernung zwischen Erde und Sonne ist so groß, dass das Licht dafür acht Minuten benötigt!
Im Weltraum gibt es aber noch viel, viel größere Entfernungen. Manche Sterne sind so weit von uns entfernt, dass das Licht Jahre benötigt, um von dort zu uns zu kommen. Bei manchen sind es sogar viele Tausend Jahre. Da solche Entfernungen in Kilometern oder gar Metern ausgedrückt viel zu große und unhandliche Zahlen ergeben würden, gibt man sie in Lichtjahren an. Ein Lichtjahr ist die Entfernung, die das Licht in einem Jahr zurücklegt: 9 460 730 472 580 800 Meter, also etwa 9,5 Billionen Kilometer.

⬆ Von der Sonne bis zur Erde benötigt das Licht ca. acht Minuten.

⬆ Die Ausdehnung unseres Sonnensystems beträgt ca. 260 Mrd. km.

⮐ Der Durchmesser unserer Galaxie, der Milchstraße, erreicht eine unfassbare Größe: 100.000 Lichtjahre.

Siebeneinhalb Mal um die Erde

Das Licht ist so schnell, dass es in einer Sekunde 300.000 km zurücklegt. Das ist mehr als siebeneinhalb Mal so viel wie der Erdumfang am Äquator! Und mehr als die Entfernung von der Erde zum Mond.

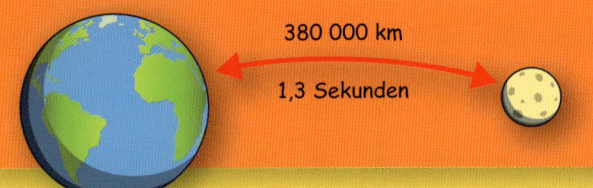

380 000 km

1,3 Sekunden

Viel schneller als der Schall

Wie du im Kapitel über die Schallgeschwindigkeit gelernt hast, kann man schon bei recht kurzen Entfernungen deutlich beobachten, dass der Schall eine gewisse Zeit benötigt, um sie zu überwinden. Während man die Schallgeschwindigkeit noch mit recht einfachen Mitteln messen kann, braucht man für die Lichtgeschwindigkeit sehr aufwendige Messmethoden.

↻ In etwas mehr als einer Sekunde legt das Licht die Entfernung zwischen Erde und Mond zurück.

Schon gewusst?

Galileo und die Lichtgeschwindigkeit

Galileo Galilei konnte schon recht gut die Schallgeschwindigkeit messen. Als er aber als Erster versuchte, die Geschwindigkeit des Lichts zu messen, stand er vor einem Rätsel: Die Zeit, die das Licht für die Teststrecke brauchte, schien immer null zu sein. Galileo Galilei postierte sich und einen Gehilfen, mit einer Signallaterne in der Hand, auf zwei gegenüberliegenden Hügeln. Der Gehilfe hatte dabei die Aufgabe, das Signal Galileos unverzüglich zurückzusenden. Da unter Abzug der Reaktionszeit des Gehilfen jedoch keine messbare Zeit mehr übrig blieb und sich dies auch bei größerer Distanz nicht änderte, schloss er daraus, dass das Licht mindestens mehrere Kilometer pro Sekunde zurücklegt.

➲ Galileo Galilei folgerte: Da die Geschwindigkeit des Lichtes auf eine relativ kurze Entfernung nicht messbar ist, muss sie dementsprechend hoch sein.

Wissenswert!

James Bradley

Einen schon recht guten Wert für die Lichtgeschwindigkeit ermittelte James Bradley (1693–1762) mithilfe von astronomischen Beobachtungen.

Albert Einstein

Einer der bekanntesten, vielleicht sogar der bekannteste Physiker der jüngeren Geschichte ist Albert Einstein (1879–1955). Bekannt wurde er durch seine Relativitätstheorie, die allerhand mit der Lichtgeschwindigkeit zu tun hat.

In Ulm und München

Geboren wurde Albert Einstein in Ulm, aber seine Eltern zogen bald nach München. Wann sie den kleinen Albert nachholten, weiß man nicht so genau. Auf jeden Fall aber ging er in München in die Schule, hat also einen großen Teil seiner Jugend dort verbracht.

🎧 Erstaunlicherweise sprach Albert Einstein erst mit drei Jahren. Angeblich lautete sein erster Satz: „Die Milch ist zu heiß."

Studium und Berufstätigkeit in der Schweiz

Zum Studieren ging Albert Einstein dann in die Schweiz an das Zürcher Polytechnikum, das heute Eidgenössische Technische Hochschule heißt. Als er fertig war, schlug er sich zunächst als Hauslehrer durch und fand dann 1902 einen Job beim Schweizer Patentamt in Bern, und zwar als „Technischer Experte 3. Klasse".

🔆 Die Energie eines Körpers ist gleich seiner Masse mal der Lichtgeschwindigkeit im Quadrat.

$$E = mc^2$$

Albert Einstein wird Professor

Neben seiner Tätigkeit beim Patentamt verfasste Einstein bereits wissenschaftliche Abhandlungen, darunter
auch die „spezielle Relativitätstheorie", aus der die berühmte Formel
$E = mc^2$ stammt. Nachdem er schon
1906 seinen Doktor gemacht hatte,
wurde er 1909 Dozent in Zürich. Nachdem er als Professor ein Jahr an der
Prager Universität und anschließend
ein Jahr an der Eidgenössischen
Technischen Hochschule in Zürich
gearbeitet hatte, kam er nach Berlin.

➲ Die Relativitätstheorie machte
Albert Einstein zu einem Star
seiner Zeit.

Die „allgemeine Relativitäts-theorie" und der Nobelpreis

In Berlin wurde Einstein 1914
Direktor des Kaiser-Wilhelm-
Instituts für Physik. Dort entwickelte er die „allgemeine
Relativitätstheorie" fertig, die
ihn berühmt machte. Für seine
Forschungen auf dem Gebiet
der Physik bekam er den Nobelpreis des Jahres 1921, der aber
erst im November 1922 verlie-
hen wurde.

Einstein privat

Albert Einstein arbeitete nicht die
ganze Zeit über, sondern hatte
auch Zeit für mancherlei Hobbys.
Besonders gern spielte er Geige.
Das half ihm sehr, wenn er Probleme zu lösen hatte, erzählte
sein Sohn. Außerdem segelte er
gerne. Er hatte seit seinem 50.
Geburtstag ein Boot, das er aber
zurücklassen musste, als er vor
den Nazis nach Amerika floh.

➲ Albert Einstein half das Geige-
spielen beim Lösen von physikalischen Problemen.

Knick in der Optik

Durch durchsichtige Sachen geht das Licht hindurch, das ist klar. Aber manchmal gibt es dabei komische optische Effekte. Das liegt an der sogenannten Lichtbrechung.

Lichtgeschwindigkeit

In verschiedenen Stoffen ist das Licht unterschiedlich schnell: Am schnellsten ist es im Vakuum. In Gasen, Flüssigkeiten und (durchsichtigen) festen Körpern ist es langsamer.

↻ 🎧 Das Licht bewegt sich im Wasser langsamer als in der Luft.

Die optische Dichte

Das Licht wird also langsamer, wenn es durch Flüssigkeiten, Gase oder feste Körper muss. Das Maß dafür, wie stark ein Stoff das Licht abbremst, nennt man optische Dichte. Je größer die optische Dichte eines Stoffes ist, umso mehr bremst er das Licht ab.

Eine Brechungsregel

Man sagt: Beim Übergang in einen optisch dichteren Stoff wird das Licht zur optischen Achse hin gebrochen, beim Übergang in einen optisch weniger dichten Stoff wird es von der optischen Achse weg gebrochen.

Mein Experiment:

Der Stock im Wasser

Stecke einen Stock in einem klaren, flachen Gewässer in den Grund. Wenn er senkrecht steht, geht er ohne Knick durch die Wasseroberfläche. Stellst du ihn jedoch schräg, scheint er genau an der Wasseroberfläche einen Knick zu haben. Das kommt von der Lichtbrechung. Ein Steinzeitjäger hatte es also ganz schön schwer, wenn er mit Pfeil und Bogen auf einen Fisch schießen wollte!

☊ Der Fisch ist schwer zu fangen, wenn er nicht dort ist, wo er zu sein scheint.

↻ Knick in der Optik?

Die Lichtbrechung

Segler und andere Leute, die häufig mit Wind zu tun haben, wissen, dass der Wind abknickt, wenn er schräg vom Wasser aufs Land weht. Das Land bremst den Wind stärker ab als das Wasser, weil es rauer ist. Trifft der Wind nun schräg auf das Ufer, wird er auf der einen Seite zuerst abgebremst. Das wirkt ähnlich, wie wenn du beim Rodeln auf einer Seite zuerst mit dem Fuß bremst: Die Richtung ändert sich dorthin, wo zuerst gebremst wird. Ganz genauso geht es dem Licht, wenn es wie im Bild schräg in ein optisch dichteres Medium eintritt – zum Beispiel aus der Luft ins Wasser. Dann wird es auf der einen Seite zuerst gebremst und knickt ab. Und zwar zur optischen Achse hin, der Senkrechten, die im Bild eingezeichnet ist. Beim Eintritt in einen optisch weniger dichten Stoff – zum Beispiel vom Wasser wieder in die Luft – passiert übrigens genau das Umgekehrte.

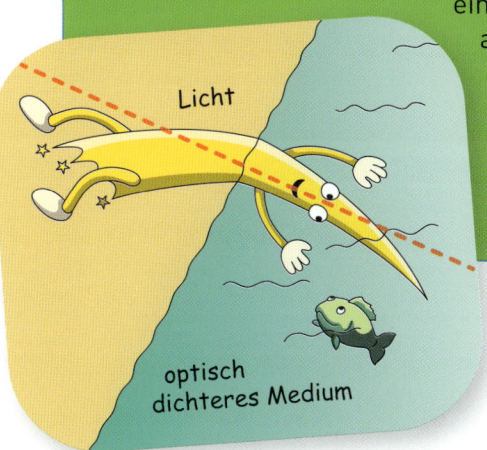

Licht

optisch dichteres Medium

↻ Tritt das Licht in ein optisch dichteres Medium ein, wird es gebremst und gebrochen.

Weiß und doch bunt

Die Farbe von Licht hängt von seiner Wellenlänge ab. Genau genommen, sind Weiß und Schwarz gar keine Farben: Schwarz liegt vor, wenn gar kein Licht da ist, und Weiß besteht aus einer Mischung von Licht verschiedener Farben.

Regenbogen und Farbspektrum

Sicher hast du schon einmal einen Regenbogen gesehen, oder? Darin erscheinen die einzelnen Wellenlängen, also Farben, aus denen das Weiß des Sonnenlichts zusammengesetzt ist. Einen solchen Farbübergang, wie du ihn beim Regenbogen siehst, nennt man Farbspektrum oder kurz Spektrum.

∩ Das Spektrum ist äußerst schön anzusehen.

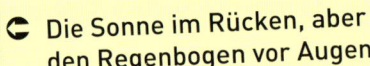

⊃ Die Sonne im Rücken, aber den Regenbogen vor Augen

Wann und wo ein Regenbogen entsteht

Ein Regenbogen entsteht, wenn die Sonne scheint und es gleichzeitig regnet. Achte aber einmal darauf, wann und wo genau man einen sehen kann: Die Sonne muss dazu in deinem Rücken sein und der Regen vor dir. Deswegen sieht man einen Regenbogen zum Beispiel oft, wenn am Spätnachmittag ein Regenguss vorbei ist. Der zieht nämlich häufig nach Osten ab. Wenn du ihm dann hinterherguckst, hast du die Sonne im Rücken, weil sie gegen Abend bereits im Westen steht, wo sie später untergeht.

Wie ein Regenbogen entsteht

Der Regenbogen entsteht, weil das Sonnenlicht in den Regentropfen zweimal gebrochen und einmal reflektiert wird. Die verschiedenen Wellenlängen, also Farben, werden nämlich unterschiedlich stark gebrochen. Dadurch fächern sie so breit auf, dass man das Spektrum schön sehen kann.

⊃ Das Licht der Sonne wird in den Regentröpfchen gebrochen und reflektiert, also in ein Spektrum zerlegt.

Mein Experiment:

Ein eigener Regenbogen

Wenn es gerade keinen richtigen Regenbogen gibt, kannst du dir deinen eigenen machen. Dazu muss nur die Sonne scheinen. Nimm einen Gartenschlauch und stell die Spritzdüse so ein, dass du einen schönen Sprühregen erzeugen kannst. Wenn du dich dazu mit dem Rücken zur Sonne stellst, siehst du deinen persönlichen Regenbogen.

∩ So einfach kannst du dir deinen eigenen Regenbogen machen.

Lichtzerlegung mit dem Prisma

Weiße Lichtstrahlen kann man auch mit dreikantigen Glasprismen zerlegen. Je nachdem, was man für ein Licht nimmt – Sonne, Glühlampe, Leuchtstoffröhre –, kann man sehen, aus welchen Farben sich das jeweilige Weiß zusammensetzt.

⮂ Kaum zu glauben, dass „weißes" Licht so bunt sein kann.

Schon gewusst?

Bunt und unbunt

Die Farben Weiß und Schwarz, die ja keine wirklichen Farben sind, heißen bei Grafikern und Druckern, genauso wie die Grautöne dazwischen, „unbunte" Farben, während die richtigen Farben als „bunte" Farben bezeichnet werden.

⮂ Stell dir mal vor, die Welt wäre so „unbunt" ...

⮂ ...ist sie aber nicht.

Im Dunkeln ist gut munkeln

Stell dir vor, jemand dunkelt ein Zimmer mit schwarzen Vorhängen komplett ab. Wenn dann ein kleines Loch im Vorhang ist, kann es passieren, dass man auf der dem Fenster gegenüberliegenden Wand auf einmal ein kopfstehendes Bild der Dinge vor dem Fenster sieht.

Die dunkle Kammer

Diesen Effekt kannte schon der alte Grieche Aristoteles (384–322 v. Chr.). Einen solchen lichtdichten Raum nennt man Lochkamera oder Camera obscura. Das ist Lateinisch und bedeutet „dunkle Kammer".
Früher ließen sich Astronomen manchmal so etwas bauen, um die Sonne zu beobachten. Als Bild auf der Wand im Inneren der Camera obscura kann man diese nämlich ohne Gefahr für die Augen betrachten.

LEONARDO DA VINCI

🎧 Bereits Aristoteles kannte den Effekt, den die Camera obscura hat.

➲ Leonardo da Vinci fand heraus, dass das menschliche Auge nach dem Prinzip der Lochkamera funktioniert.

Kleine Lochkameras

Man kann statt eines Zimmers auch einen kleinen Kasten als Lochkamera verwenden. In den kann man sich natürlich nicht hineinsetzen. Deswegen ist bei so einem Gerät die Rückwand eine Mattscheibe, und man kann das Bild von außen betrachten.
Als Mattscheibe verwendet man zum Beispiel ein Blatt transparentes Papier, das auf einer Glasscheibe liegt. Darauf kann man dann gleich abmalen, was man mit der Lochkamera sieht. Früher gab es so etwas als Hilfsmittel für Künstler, um das Zeichnen nach der Natur zu erleichtern.

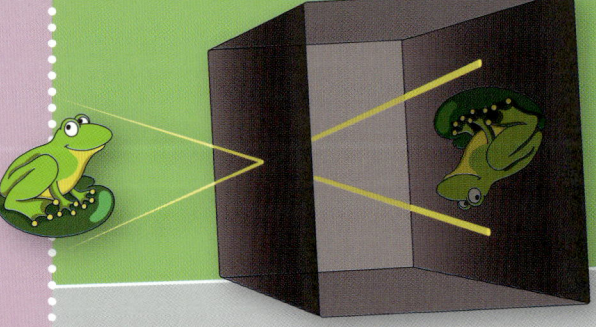

🔆 🎧 Je kleiner die Lochgröße der Camera obscura ist, desto schärfer, aber auch dunkler wird das Bild.

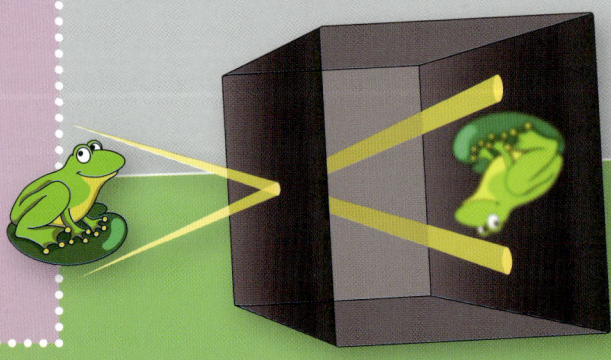

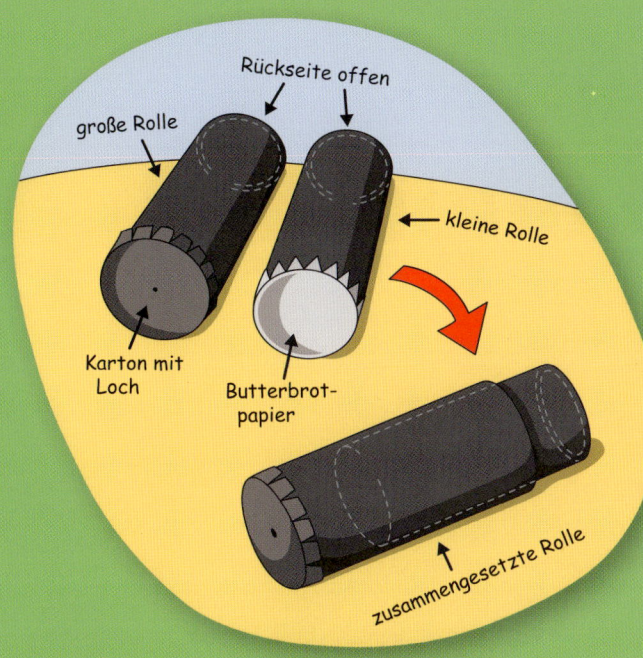

große Rolle

Rückseite offen

kleine Rolle

Karton mit Loch

Butterbrot-papier

zusammengesetzte Rolle

Mein Experiment:

Eine selbst gebaute Lochkamera

Bastle zwei Röhren aus dickem schwarzem Papier (zum Beispiel aus Tonpapier) oder lichtdichter Pappe, die genau ineinanderpassen. Die eine Röhre bespannst du an einem Ende mit Butterbrotpapier, auf die andere machst du einen Deckel, wie du das auf dem Bild siehst. In diesen Deckel pikst du ein kleines Loch.

Wenn du die Seite mit dem Loch auf einen hell erleuchteten Gegenstand richtest, siehst du das Abbild davon auf der Butterbrotpapier-Mattscheibe am anderen Ende der Röhre.

Die Lochgröße ist entscheidend: Experimentiere mit verschieden großen Löchern! Größere Löcher geben ein helleres, dafür aber unscharfes Bild, bei kleineren ist es umgekehrt.

🎧 ➲ Mit der Lochkamera stellst du wirklich alles auf den Kopf.

Schon gewusst?

Begehbare Lochkameras

Begehbare Lochkameras gibt es auch heute noch da und dort und manche sind sogar öffentlich. Vielleicht gibt es eine bei euch in der Nähe und deine Eltern fahren mal mit dir hin?

Licht bündeln und zerstreuen

Bei der Lochkamera kann man immer nur entweder ein scharfes oder ein helles Bild haben. Beides zusammen geht nicht. Wenn man das haben möchte, benötigt man eine Linse.

⮑ Die Lupe erzeugt Feuer – dank Sonne und Brennpunkt.

Eine Sammellinse

In der Abbildung nebenan siehst du, wie eine Sammellinse funktioniert. Wie du weißt, wird das Licht ja gebrochen, wenn es von einem Stoff in einen anderen übertritt. Wenn in die Sammellinse in der Abbildung parallele Lichtstrahlen – zum Beispiel von der Sonne – in Längsrichtung eintreten, werden sie in Richtung der Linsenmitte gebrochen. Beim Austritt aus der Linse werden sie noch einmal gebrochen. Weil die Oberflächen der Linse nach außen gewölbt sind – man nennt das „konvex" –, werden alle Lichtstrahlen so gebrochen, dass sie sich in einem Punkt hinter der Linse treffen. Dieser Punkt heißt Brennpunkt und sein Abstand von der Linsenmitte heißt Brennweite.

🎧 Die Sammellinse bündelt das Licht hinter der Linse im Brennpunkt.

Schon gewusst?

Das Brennglas

Im Brennpunkt werden die Lichtstrahlen so sehr konzentriert, dass man mit einer solchen Linse bei Sonnenschein Feuer machen kann. Deswegen nennt man sie auch Brennglas.

Zerstreuungslinsen

Es gibt auch Linsen, die nicht nach außen, sondern nach innen gewölbt sind – man sagt „konkav" dazu. Sie sammeln das Licht nicht, sondern zerstreuen es.

Die Linse macht ein Bild

Eine Sammellinse kann aber noch mehr als parallele Lichtstrahlen in einem Punkt sammeln: Sie schickt, ganz ähnlich wie die Lochkamera, Lichtstrahlen, die von einem bestimmten Punkt vor der Linse kommen, an einen ganz bestimmten Punkt hinter der Linse. Deswegen kann man mit einer Linse – ebenfalls wie bei der Lochkamera – ein Bild auf einer Mattscheibe erzeugen. Weil aber die Linse viel größer ist als das Loch der Lochkamera, kommt viel mehr Licht hindurch und das Bild wird hell und gleichzeitig scharf.

↻ ➲ **Die Sammellinse kommt bei vielen optischen Geräten zum Einsatz.**

Mein Experiment:

Die Wassertropfenlupe

Tauche die Lasche eines Schnellhefters in Wasser, sodass ein Tropfen in dem kleinen Loch hängen bleibt. Weil dieser Tropfen rund ist, funktioniert er als Linse und du kannst ihn als Lupe verwenden.

↻ **Die Tautropfen wirken wie natürliche Linsen.**

➲ **Du kannst einen Wassertropfen als Lupe verwenden, da er rund ist und eine geringe Brennweite besitzt.**

Galileo Galilei

Galileo Galilei (1564–1642) ist vor allem dafür bekannt, dass er, entgegen der damals „offiziellen" Meinung, als einer der Ersten behauptete, dass die Erde nicht der stillstehende Mittelpunkt des Universums sei, sondern sich um die Sonne bewege. Das brachte ihm jede Menge Ärger mit der katholischen Kirche ein und er stand sogar jahrelang unter Hausarrest.

Galileo stammte aus einer vornehmen, aber verarmten Familie und wurde in Pisa geboren. Sein Vater war Tuchhändler und Musiker, interessierte sich für Mathematik und untersuchte den Zusammenhang zwischen der Spannung einer Saite und ihrer Tonhöhe.

Der junge Galileo sollte eigentlich Arzt werden. Er gab das Medizinstudium jedoch nach vier Jahren auf und studierte stattdessen Mathematik. Außer mit Mathematik befasste er sich mit allerhand physikalischen Fragen und mit Astronomie.

Galileo und das Pendel

Eines der Dinge, die Galileo Galilei untersuchte, war das Pendel. Er fand auch heraus, dass die Schwingungsdauer eines Pendels weder etwas mit seinem Gewicht noch mit der Auslenkung zu tun hat, sondern allein von der Länge abhängt. Er hatte auch schon die Idee einer Penduluhr, konnte sie aber noch nicht verwirklichen.

↻ Pisa ist die Heimatstadt Galileos.

Galileo und das Fernrohr

Für seine astronomischen Be-obachtungen nahm Galileo das sogenannte holländische Fernrohr, das der holländische Brillenmacher Hans Lipperhey (1570–1619) im Jahre 1608 erfunden hatte. Er lernte selbst, Linsen zu schleifen und Fernrohre zu bauen. Dabei verbesserte er die Konstruktion von Lipperheys Fern-rohr, welches man deswegen oft auch Galilei-Fernrohr nennt. Mit diesem Fernrohr machte Galileo Galilei einige wichtige astronomische Ent-deckungen.

↻ Als einer der ersten Menschen nutzte Galileo das Fernrohr zur Himmels-beobachtung. Zum Beispiel entdeckte er, dass die Oberfläche des Mondes rau und uneben ist.

Galileos Thermometer

Galileo Galilei erfand auch ein Thermometer, bei dem in einem Glasrohr, das mit einer Flüssigkeit gefüllt ist, nacheinander Glasbe-hälter aufsteigen, wenn es kälter wird. Es arbei-tet zwar nicht so gut und genau wie heutige Ther-mometer, aber es sieht hübsch aus. Deswegen kann man solche Ther-mometer auch heute noch kaufen.

⊃ Das Galileo-Thermo-meter misst zwar nicht so genau wie unsere modernen Thermometer, aber es ist sehr hübsch anzusehen.

↻ Mithilfe seines verbesserten Fern-rohrs entdeckte Galileo Galilei auch die vier größten Monde des Jupiters.

Auch Spiegel können Licht bündeln und zerstreuen

Nicht nur Linsen können Licht bündeln und zerstreuen: Das geht auch mit Spiegeln.

Spieglein, Spieglein an der Wand ...

Ganz gewöhnliche, ebene Spiegel wie im Badezimmer werfen das Licht ganz einfach zurück. Man sagt auch: Sie reflektieren es.
Wenn das Licht senkrecht auf die Oberfläche eines Spiegels trifft, wird es genau in die Richtung reflektiert, aus der es kommt. Wenn es schräg kommt, wird es abgelenkt. Und zwar immer in die andere Richtung, aber stets im gleichen Winkel, unter dem es eingefallen ist.

⊃ Nicht nur Spiegel können Licht reflektieren: Das kann auch die Natur.

⊂ Eigentlich müsste die böse Stiefmutter von Schneewittchen selbst erkennen, dass sie nicht die Schönste im Land sein kann.

Hohlspiegel

Ein Hohlspiegel ist im Gegensatz zu einem gewöhnlichen Spiegel gewölbt. Deshalb wird jeder einfallende Lichtstrahl etwas anders reflektiert. Genau wie bei einer Sammellinse können so die Lichtstrahlen in den Brennpunkt des Hohlspiegels gelenkt werden.

Hohlspiegel sind also Sammelspiegel und lassen sich wie Sammellinsen verwenden.

Der Brennspiegel

Genau wie bei einer Sammellinse kann man mit der Sonne im Brennpunkt eines Hohlspiegels große Hitze erzeugen. Mit einem großen Hohlspiegel kann man sogar aus Wasser Dampf machen und mit einer Dampfturbine und einem Generator Strom erzeugen.

🎧 Große Teleskope werden mithilfe von Hohlspiegeln hergestellt.

Spiegelteleskope

Wie Sammellinsen kann man auch Hohlspiegel dazu verwenden, Teleskope, also Fernrohre, zu bauen. Große Hohlspiegel sind einfacher zu machen als große Linsen. Deswegen sind die ganz großen Teleskope in Sternwarten immer Spiegelteleskope.

Ein Zerstreuungsspiegel

Wenn ein Spiegel nach außen gewölbt, also konvex, ist, wirkt er wie eine Zerstreuungslinse. Er wirft die in Richtung seiner Achse parallel einfallenden Lichtstrahlen in alle möglichen Richtungen.

🔄 Der konvexe Verkehrsspiegel lässt einen unübersichtliche Kreuzungen trotz geringer Spiegelfläche gut überblicken.

Mein Experiment:

Ein Löffel als Hohlspiegel

Die Innenseite eines blanken Löffels gibt einen notdürftigen Hohlspiegel ab. Guckst du hinein, steht dein Spiegelbild auf dem Kopf und ist klein, denn der Brennpunkt befindet sich zwischen dir und dem Hohlspiegel.

Schon gewusst?

Ein Vergrößerungsspiegel

Die Vergrößerungsseite von eurem Kosmetikspiegel im Bad ist auch ein Hohlspiegel. Er ist aber so flach gewölbt, dass man beim Hineinschauen zwischen Brennpunkt und Spiegel ist. Deswegen steht das Spiegelbild nicht auf dem Kopf, ist dafür aber vergrößert.

⤵ Der Vergrößerungsspiegel funktioniert, da der Brennpunkt hinter dem Betrachter liegt.

🔄 So stehst du kopf, da sich der Brennpunkt zwischen dir und dem Hohlspiegel befindet.

Register

Bildnachweis